广东
气象科普解说词

广东省气象局　广东省气象学会　编

图书在版编目（CIP）数据

广东气象科普解说词/广东省气象局，广东省气象学会编. -- 北京：气象出版社，2018.11
　　ISBN 978-7-5029-6872-4

Ⅰ. ①广… Ⅱ. ①广…②广… Ⅲ. ①气象学—科普工作—解说词—广东 Ⅳ. ①P4

中国版本图书馆CIP数据核字（2018）第281409号

Guangdong Qixiang Kepu Jieshuoci

广东气象科普解说词

广东省气象局　广东省气象学会　编

出版发行：气象出版社	
地　　址：北京市海淀区中关村南大街46号　　邮　　编：100081	
电　　话：010-68407112（总编室）　010-68408042（发行部）	
网　　址：http://www.qxcbs.com　　　　E-mail：qxcbs@cma.gov.cn	
责任编辑：颜娇珑　郑乐乡	终　　审：张　斌
责任校对：王丽梅	责任技编：赵相宁
封面设计：楠竹文化	
印　　刷：北京地大彩印有限公司	
开　　本：710mm×1000mm　1/16	印　　张：5.5
字　　数：82千字	
版　　次：2018年11月第1版	印　　次：2018年11月第1次印刷
定　　价：28.00元	

本书如存在文字不清、漏印以及缺页、倒页、脱页等，请与本社发行部联系调换。

《广东气象科普解说词》编委会

主　　任：庄旭东
副 主 任：梁建茵　刘作挺　曾　琮　刘锦銮
　　　　　常　越　刘日光
委　　员：颜文胜　陈　蓉　曾振文　张　毅
　　　　　董永春　温　晶　钟伟雄　关小文
　　　　　康雯瑛　张伟民

《广东气象科普解说词》编写组

主　　编：颜文胜　陈　蓉
副 主 编：董永春　温　晶
编　　辑：钟　晨　鲍天予　钱　美
成　　员：侯　开　刘　燕　朱云霞　肖　然
　　　　　艾志伟　刘东升　陈建军　郑菲菲
　　　　　江海莲　赖毅明

序

"科技创新、科学普及是实现创新发展的两翼,要把科学普及放在与科技创新同等重要的位置。希望广大科技工作者以提高全民科学素质为己任,把普及科学知识、弘扬科学精神、传播科学思想、倡导科学方法作为义不容辞的责任。"习总书记的重要讲话把科学普及置于与科技创新同等重要的位置,充分肯定了做好科普工作、提高全民科学素质的重大意义和巨大作用,同时也对科学普及寄予厚望,提出更高的要求。

一直以来,广东省各级气象部门高度重视气象科普,将气象宣传科普工作作为气象服务的重要组成部分,"提高国民气象意识"作为实现气象现代化的考核指标。近年来,我省连续两年举办全省气象科普讲解大赛,获得社会各界的广泛好评。实践证明,举办气象科普讲解大赛是普及气象科学知识的一个非常好的载体和手段。对于公众特别是青少年而言,通俗易懂、生动形象的科普讲解不仅能够帮助他们理解科学,而且有可能成为引导青少年热爱科学、向往科学、走进科学殿堂的金钥匙。

我们将2018年"广东省气象科普讲解大赛"的解说词选编成册,内容包括天气预报、气候变化、生态气象、智慧气象、人工影响天气及华南地区特有的回南天、龙舟水等,将更好地发挥气象科普宣传的作用。希望本书能供科普讲解的同行们相互学习、相互交流，进一步提升自身的讲解水平，同时为各级气象科普教育基地提供科普讲解素材。我相信，优秀的气象科普讲解一定会引导更多的人特别是青少年对气象科学产生兴趣和向往，让气象科学走出象牙塔、飞入寻常百姓家，有效提高全社会与公众的气象科普素质。

广东省气象局局长
2018 年 11 月

Contents

目录

序
古往今来的智慧气象 / 2
台风的那些事儿 / 4
冷空气的自白 / 6
神龙吸水 / 8
滴水成冰的冻雨 / 10
动物世界里的气象故事 / 12
"回南天"成长记 / 14
探空气球旅行记 / 16
明朝灭亡 竟然是气候惹的祸？ / 18
一骑红尘妃子笑 / 20
云上的散文诗 / 22
洞察世界风云——气象卫星 / 24
解读台风 / 26
北方人不懂南方人的痛之"回南天" / 28
科学与文化的象征——二十四节气 / 30
智慧气象的过去、现在与未来 / 32
怒发冲冠——静电 / 34
龙卷知多少 / 36

Contents

风云四号 / 38

暴雨的那些事儿 / 40

揭开"雷公电母"的神秘面纱 / 42

自然美景中的天气现象 / 44

认识了解一个调皮的小孩——ENSO / 46

温柔的陷阱——台风眼 / 48

骨干业务卫星——"风云二号" / 50

天气常备　平安旅行 / 52

神奇的海陆风 / 54

解密雷电 / 56

敢问天公借甘霖——解密人工影响天气 / 58

你不知道的平流雾 / 60

龙卷的奥秘 / 62

"龙舟水"的自白 / 64

走进汕尾雨窝 / 66

气象温度和体感温度为何不同 / 68

天气预报的前世今生 / 70

大自然的"魔法"——雷电 / 72

冰雹 / 74

智慧气象与现代设施农业 / 76

2018年广东省气象科普讲解大赛专家评委与参赛选手合影

古往今来的智慧气象

◎惠州市气象局　房兆励

各位领导、专家、同事，大家好！

我是惠州市气象局《天气预报》节目主持人房兆励。平时我都是在电视里和大家讲天气，今天来和大家分享——古往今来的智慧气象。

说到中国人的智慧，我们可能会想到四大发明、万里长城，但我们容易忽略一个非物质的，而且还与我们生活紧密相连的智慧结晶。那就是被气象界誉为中国第五大发明的二十四节气。

两千年前，我们的古人就将杆子立于地上，在测量影子长度时发现：夏至时杆子影子最短，冬至时影子最长。二者之间分别定出春分、秋分，再根据这四个节点，我们衍生出了现在的二十四节气。

有人要问了，现在的卫星在天上转，雷达在地上看，各种数据在电脑里算。就这样，天气预报有时还报不准，难道古人用这节气就能知道天气？问得好！

在寒来暑往、秋收冬藏的农耕社会，二十四节气是先人通过观察天象、气温、降水和物候的时序变化，总结出的一套中国人自己的生产生活锦囊妙计。有谚语说"惊蛰过，暖和和，蛤蟆老角唱山歌"，这就是把节气当成气候的指示标，如同温度计上的刻度般精准。千百年来，人们借助节气，将一年定格在耕种、施肥、灌溉、丰收的时间轮回当中。二十四节气恰是智慧气象在贯穿古今中的最好诠释。

品完了古人的底蕴，来看看今天的智慧。

乍暖还寒的时节，妈妈总会嘱咐我们多穿一点。而现代社会，一种全新的产品——智慧气象，可以让妈妈不再担心。

智慧气象听起来有点儿高深，其实就是把大数据、移动互联、物联网等技术，与气象预报结合起来，根据天气状况，给出相应的提醒和建议。它，就在我们的身边。

比方说，我们要坐飞机去惠州出差。搭载了智慧气象的手机软件，就会自动弹出飞机所经空域会遇到的天气情况，以及目的地的预报信息，非常的方便。

要说智慧气象在广东的应用，当属"缤纷微天气"微信服务平台了。新版本融合了精细化网格预报技术和定量降水预估技术。说简单点儿，想知道什么时候下雨、下多大雨、下多久，打开手机，一看便知。当出现灾害性天气时，平台首页将显示属地的预警信号。当发布暴雨红色，台风黄色、橙色、红色预警信号时，可通过"停课铃"获知预警和停课信息，以便及早做好防御。

大气科学发展的每一次突破，都是为了智慧气象在将来更好地服务于大众。今后，气象预报信息将跟随微型传感器，融入可穿戴设备，实现——人就是气象站！

出门前照照镜子，就能知道今天的穿衣搭配；雨天驾车出行，手机会自动弹出路段积水情况，并规划最优路线；农业专属气象信息将精准到农户，实时掌握自家大棚内各项气象数据，实现智能降温、智能喷淋等远程操作，为农产品提供气候保障。

未来，智慧气象还将融入生活的方方面面，期待它在科技强国的事业中散发出巨大的光热。

古往今来的智慧气象，充盈着科学的雨露，洋溢着文化的馨香。智慧气象既有居家日常，也有我们的诗和远方……

谢谢大家！

惠州气象

台风的那些事儿

◎广东省气象公共服务中心　马　俊，许艾米

大家好，我是来自广东省气象公共服务中心的马俊，今天为大家讲解的题目是《台风的那些事儿》。我，一名气象新闻记者，工作十年，现场报道过的台风超过30个。那今天就和您来聊一聊我这位"老朋友"——台风的那些事儿……

台风是诞生于热带、副热带洋面的低压涡旋，是这个地球上最为精密的大气系统之一。当阳光炙烤海面，海水会受热上升，就像我们烧开水，你可以看到锅底的气泡不断往上涌。当水汽上升以后，周围相对较冷的空气不断补充进来，使得中心气压变得越来越低，然后在地转偏向力的帮助下，它会像车轮一样旋转起来，当中心最大风力达到12级时，一个年轻的台风就诞生了。同时，台风也是这个地球上唯一会有自己名字的自然灾害。

提到台风相信我们广东的朋友都不会陌生，我们现场有没有人亲身经历过台风登陆？那今天就和您分享一个我亲身经历的关于台风登陆的小故事。

2014年7月18日，超强台风"威马逊"登陆湛江徐闻，登陆时中心附近最大风力超过17级。您现在看到的这些镜头都是我们当时在现场拍摄的（详见光盘），可见"威马逊"的实力有多强。当时在徐闻县城有一千多辆来自全国各地的大货车滞留，狂风很快就把一些车上的货物吹得到处都是，车主自然是焦急万分。临近傍晚，如此猛烈的风雨忽然减弱

广东省突发事件预警信息发布平台

了。很多司机一看,立刻就往七八米高的车顶爬,丝毫没有意识到他们正在经历着台风中心过境,他们所感受到的平静其实暗藏着巨大的危机。

台风的结构从外到里可以分为台风外围、台风本体和台风中心。越靠近中心风力越大。在离心力作用下,台风中心形成了一个好像由云墙包裹起来的大管子,在这个管子里面盛行的是下沉气流,常常是没风没雨,甚至可以看到太阳,所以在备受台风侵扰的华南地区有这样一句话,叫"台风回南、风停见阳"。也正因为出现这样的假象,置身其中的人以为台风影响已经结束,放松警惕。而一旦回南风杀到,这些司机会重新暴露在17级狂风当中,如果不是当地的工作人员及时把他们劝下来,后果真是不堪设想。

台风的种种假象也许会蒙蔽人的眼睛,但却逃不过气象部门高科技装备的严密监测。面对台风过境,如果您凭肉眼、凭经验判断,很可能让您置身于危险之中,只有凭借气象部门发布的预报预警信息,提前防范,科学应对,才是对自己、对家人最负责任的做法。

美国作家曼狄诺曾说过:"对于突发状况,如果没有做好充分的思想准备,那么厄运就会像大海的波涛一样不断地涌向你。"其实了解了关于台风的那些事,掌握了正确的防御手段,它的杀伤性就一定会大大降低。希望今天的讲解可以帮到您,愿台风再来时,您能科学应对,防范在灾难发生之前。我的讲解结束!谢谢您的倾听!

广东气象科普解说词

冷空气的自白

◎ 广州市气象局　陈聪聪

陈聪聪

【我的出生】——我的家乡

我的家乡在北极和西伯利亚，那里纬度很高，天气寒冷。到了晚上，地面因为辐射损失了很多热量，近地层大气的温度越来越低，通过堆积，我就出生了。

【我爱旅行】——不招人喜欢

我一般喜欢在冬天的时候出去旅行，我所到之处，往往大风骤起，气温猛降，逼得家家户户紧闭门窗，其实这不是我的本意，可是没办法，我的唯一特点就是"冷"，只要我到哪里，哪里就会降温。当然在我妹妹暖空气的帮助下，我有时候还会给途经之地带来雨雪。

【我的威力】——不容小觑

虽然我的出生地没有什么变化，可是我的强度每次都不一样，有的时候强，有的时候弱，强的时候带来的降温幅度就大一些，弱的时候降温幅度就小一些，而且随着在旅途中行走距离的延长，我的体力会慢慢变弱，那么威力也就没那么大了。根据我的体力强弱，气象部门的小哥哥小姐姐们会把我分为四个等级，分别是弱冷空气、较强冷空气、强冷空气和寒潮。

很显然，寒潮是我体力最旺盛的时候，这个时候我会让气温在24小时内下降8℃以上，给大家带来极其明显的体感温度变化，令人一时难以适应。我带来的寒冷，会影响大家的生活出行和农业生产，甚至可能

会引发霜冻、冻害等多种自然灾害。

【我的优点】——四季更替少不了我

虽然我的到来，会给大家增添很多烦恼，但我也不是一无是处的。因为我的到来，便有了四季的更替，北方有了白雪皑皑的冬天，你们可以堆雪人、扔雪球、打雪仗，地上和树上都会变成雪白的漂亮世界。我还是天然的病虫害天敌，由我带来的低温天气，可以杀死潜伏在土壤中过冬的害虫病菌，对庄稼生长是有好处的哦。

【我的道歉】——请注意防御

虽然我有那么多的优点，可是我的到来还是给大家带来了很多不必要的麻烦，所以我希望你们可以做好防御，那如何做好防御呢？内衣穿贴身的、保暖的；中间选宽松柔软的；外衣的手腕、脚踝位置都要收口，防止热量流失；脑袋、脖子、脚丫子都是最怕冷的地方，帽子、围巾、保暖鞋袜，一样都不能少。

【我的诚意】——望各位周知

不管怎么样，我的威力不容你们小觑，请注意做好防御，当然我也做出了自己的一份小小贡献。我也相信，随着科学技术的不断创新，在世界气象组织和各国气象科学家的不懈努力、深入探索下，你们一定会彻底摸清我的脾气，并可以提前做好科学有效的防御。

广东气象科普解说词

神龙吸水

◎河源市气象局　周晓湘

大家好，我是河源市气象局的周晓湘。

先请大家看一下视频（详见光盘），有谁能告诉我，这是什么？可能有人会觉得，这些是特效。很明确地跟大家说，照片、视频都是真的。应该有人知道，这叫龙吸水。

龙吸水是怎么来的，又是怎么吸水的？大家知道吗？今天配合一些道具来跟大家讲解。

我们用冷暖加湿器来模拟冷、暖两股气流。

由于天气条件不稳定，海面大量的暖湿空气，跟南下的冷空气相互交汇，产生强烈的对流运动，气流不断地在高空冷却凝结，最终形成积雨云。

在积雨云的内部，空气不断翻滚，既有暖空气的上升，又有冷空气的下降。再加上高空、低空都有方向差别大的强风来配合。在气象学上，我们把风向、风速随高度的变化叫作垂直风切变。因为它的配合，积雨云内部的气流出现了旋转，形成中尺度涡旋。这个涡旋不断地向上、向下发展。而当涡旋到达海面时，海面气压急剧下降，风速急剧上升，再加上海面没有什么阻碍，这龙吸水就出现了。

大家想亲眼看到龙吸水吗？好，满足大家要求。

首先取出干冰，放到桶里，加点热水。干冰是低温固态的二氧化碳，加上热水后会吸热升华，降低周围温度。空气中的水汽遇冷，就会凝结成雾状的小水滴。我们用它来代替海水。

然后还要借助一个法宝来召唤神龙。接下来大家别眨眼。

简单地说，龙吸水的外围有着很强的吸附力，相当于吸尘器的作用。

大家会注意到，我刚才是配合转盘旋转的。为什么呢？因为我一转动，空气通过无数个网眼进来，这样高空、低空的风就形成气流涡旋。就相当于积雨云内部的涡旋发展到海面。

其实龙吸水就是发生在海面上的龙卷，叫做水龙卷。而当它发生在地面，就叫陆龙卷。龙卷的破坏力非常大，不管是海水、树木，还是房屋，都能被轻易地卷起来。所以当遇到龙卷时，大家还是躲远一点，顺着龙卷前进方向的两侧躲避，最好进入地下场所。

我的讲解完毕，谢谢！

河源天气雷达

滴水成冰的冻雨

◎ 韶关市气象局　李宇璐

科普小讲堂开课啦！大家好，我是来自韶关市气象局的李宇璐。今天我要讲的内容是滴水成冰的冻雨。

先给大家讲个故事。明朝有个文人叫蒋焘，一天正下着雨，家中来了客人。客人想考考蒋焘，出了一个上联，"冻雨洒窗，东两点，西三点"。蒋焘这时切了个大西瓜招呼客人，从容应答道："切瓜分客，横七刀，竖八刀"。此联拆字巧妙，又趣味无穷。

诶！吃西瓜的季节里，为什么会出现冻雨呢？这古时的冻雨可不是我们现在所说的冻雨，其实呀是指寒雨，就是"冰冷的雨水往我脸上拍"的冷雨。那我们现在所说的冻雨又是什么呢？来，我们不能做一个"吃瓜群众"，跟着我的脚步，一起来探索冻雨的奥秘。

冻雨是如何产生的呢？要先说两个常识。暖空气比冷空气密度小，热气球里的空气被加热后能带着气球向上浮起，就说明了这个道理。所以当冷、暖空气交汇时，冷空气下沉插入暖空气当中，迫使暖空气上浮。另外在接近地面的空气层里，气温是随高度而递减的，高度越高，温度越低，当温度低于0℃的时候，水汽就容易凝结成水滴或小冰晶。知道这些，接下来就容易理解了。

冻雨冻雨，首先它得有雨吧。当小冰晶从温度较低的高空冷层中落下，经过低空温度较高的气层时，就会被融化变成了雨滴。从冷到暖，

韶关气象观测站

这是雨经历的过程，冻雨则要复杂些。冻雨是由冷到暖再到冷的过程，这里就需要冷空气来发挥威力了。

当暖空气正在开心地玩耍，一股凶狠狠的冷空气自北往南走，遇到了没脾气的暖湿气流时，冷空气像一把小铲子，斜插在暖空气的下方，霸占了暖空气的位置。暖空气被迫离家出走，只能抬升往上走。这就让近地面被"强盗"冷空气绑架控制住了，哆哆嗦嗦，气温降到0℃以下。这时就像右边图里一样（详见光盘），三分天下的局面出现了。从上到下呈现"冷—暖—冷"的局面。高空冷层提供水滴和冰晶，暖气团负责融化，由于近地面被冷空气控制，气温已经低于或接近0℃了，所以雨滴一接触到近地面上的物体，例如电线杆、树木、植被及道路表面等等，就会迅速冻结上一层晶莹透亮的薄冰，这就是冻雨的形成。

因为初冬和冬末春初时，冷、暖气流势均力敌，所以冻雨多发生在这些时候。

真的是滴水成冰，每一滴小小的雨滴，背后都蕴含着很多科学道理。科学探索，永无止境！

广东气象科普解说词

动物世界里的气象故事

◎湛江市气象局　杨洪玉

杨洪玉

尽管天气预报已经到了利用气象卫星、气象雷达数据做数值预报的时代，我们已经不需要像古人那样通过对动物的观察来预报天气了，但是了解动物对天气变化的反应对我们并没有坏处。今天我们一起走进神奇的动物世界，看看这些特殊"气象员们"是如何预报天气的。

水母能在10～15小时前捕捉到暴风雨到来的信息，因为它有能够接收到超声波的"耳朵"，当暴风雨即将到来的时候，水母会及时地隐藏到安全地带。

被称为"活气压计"的鱼类对天气也有反应，当天气晴朗时，它们在水中悠闲地游动；当风雨天气来临前，因为空气气压低，水中缺氧，它们会在水中上下不停翻动。

蛙被称为"活晴雨表"，当空气干燥时，它会跳入水中；而在阴雨潮湿季节即将到来的时候，皮肤上水分蒸发速度慢，于是它会离开水面。所以，蛙成为一些国家土著居民预报天气的"活晴雨表"，当看到树蛙上树的时候，人们便纷纷准备各种防雨工具。

1794年，法国军队入侵荷兰。荷兰被迫打开运河闸门，开闸放水，法军面对茫茫大水准备打道回府。这时，略懂生物常识的法军司令发现了一个奇妙的现象——蜘蛛在加快织网，于是他命令部队停止行动，原地待命。果不其然，不久气温骤降，水面结冰，法军踏冰长驱直入。是蜘蛛帮了法军的大忙，因为只有在晴朗严寒的天气里，蜘蛛才会有这样的举动。也许这位司令把密密麻麻的蜘蛛网当成了地面天气图，在这张图上他看到了冷空气即将到来的迹象。

人类和无数种可爱的动物们同顶一片蓝天，同住一个地球，是生命共同体，关注动物的生存环境也是关心人类自己，毕竟动物对天气的预报能力很原始，当台风、暴雨、干旱等灾害天气即将到来的时候，我们人类是否也能够用它们听得懂的语言或频率发出预警，让它们及时躲藏到安全地带，也许这是留给未来智慧气象的崭新课题吧，天气预报永远在路上。

湛江天气雷达

广东气象科普解说词

"回南天"成长记

◎深圳市气象局　秦　磊

　　春天来了，华南沿海地区的水汽显得有些焦躁，想急切的回归大陆。此时，咱们的市民朋友是恐惧的，为什么呢？因为"回南天"就要来了。可这"回南天"究竟怎么来的，你到底了解多少？

　　首先，春天是冷、暖空气交汇角逐的时期。在这个时期，海面上的暖湿气流与北方的冷空气互相角力。趁着冷空气势力较弱的时候，暖湿气流趁其不备，挥师北上。但是此时陆地上的建筑物已经被冬天的寒冷冻透了，温度还没有来得及回升。突然这么热，肯定得出汗。就像刚从冰箱里拿出的一罐可乐，放到室外二三十摄氏度的常温下，就会"大汗淋淋"。这就是"回南天"的生成背景。

　　我们都知道，描述空气湿度的物理量就是相对湿度。它的标准定义是：$f=e/E\times 100\%$，即在压强不变的情况下，相对湿度就是实际水汽压（e）与饱和水汽压（E）的比值。相信这样一个简单的公式，很多朋友还是看不太懂，我就做了一张表格，帮助各位更直观的理解（详见光盘）。

　　我们看到，X轴代表室外温度，Y轴代表空气中的含水量。在不同温度、不同含水量的情况下，相对湿度是有所变化的。红色区域的相对湿度超过了100%，就是"凝结区"。橙色区域相对湿度70%～99%，为"高湿区"。那么蓝色区域则是干燥区了（小于50%）。

　　看到这样一张表格，有的朋友可能会问：

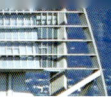

1."回南天"时,为什么墙面和地面会有水珠出现?

我们假设空气中的湿温为 25 ℃,空气中含水量为 0.018 千克/米³,可见此时的相对湿度为 89%。一般来说,墙体、地面周围的温度会比空气中的温度略低一些,若空气中的温度为 25 ℃,那么墙体周围的温度大概是 22 ℃,同样的含水量,墙面、地面附近的相对湿度就变为了 106%,超过了 100%。水汽就会在墙面和地面上凝结,自然而然的产生了水珠。

2.有的朋友会问到,"回南天"时,为什么我的衣服总晾不干?

同理,还是假设当时的温度为 25 ℃,当"回南天"时空气中的含水量达到了 0.02 千克/米³,此时的相对湿度达到了 98%。也就是说空气中的水汽已经接近饱和时,衣物的水分和空气中水分达到了相态平衡,衣服中的水分自然就无法蒸发啦。

说到这里,有的朋友可能会疑惑,为什么今年却没有出现这样的现象呢?我们知道,一个优秀的"回南天",首先要有一个长期的低温做铺垫,温度低于 12 ℃ 且持续 3 天;其次暖湿气流回温的威力也要足够猛。那么,简单地说,就是今年的天气不够冷,回温也不够猛,所以自然就没有"回南天"了。

目前,由于受到冷、暖空气的影响,华南地区已经进入前汛期。空气中的湿度不断升高,不时还有零星小雨。同样,这也是冷、暖空气相互角逐的结果。

深圳气象

广东气象科普解说词

探空气球旅行记

◎ 汕头市气象局　吴芳瑜，黄锦速，许思涵，陈婷莎

吴芳瑜

一、旅行的意义

大家好，我是探空气球小A。这里是我的家，今天我的妈妈告诉我，我可以去旅行啦，我将要到3万米的高空去，旅行途中我要将所见所闻传回家里。妈妈说我传回的高空气象资料不仅仅会作为国际交换的数据，还是预报员预报天气时的重要依据，这真是一项光荣而伟大的任务啊！

二、出发前的准备

出发前，我要做仔细的身体检查，身体的好坏将决定着旅游行程的远近。然后我开始吃饭了，我只吃定量的氢气。然后，我还要带上我的伙伴——探空仪。旅行途中，气象数据全靠它来记录，我俩可是缺一不可。

现在我要起飞啦，想到这一刻全世界会有很多小伙伴们和我同时出发，我的心情特别激动。再见啦！汕头，你的景色真美！

三、旅途见闻

糟糕！周围白茫茫一片，我什么都看不见了。哎呀！是谁在推我？我的速度变得快了点，衣服也湿透了。啊，原来是一朵"花椰菜"，刚才我穿越了浓积云。风越来越大，感觉也越来越冷，我现在距离地面已经12千米，温度零下50℃，在对流层中，每向上飞行100米，气温一般就会下降0.65℃，还好我穿的是特殊的衣服，可以耐寒。

哎，是飞机，原来不知不觉中，我来到了平流层。难怪我的飞行变得越来越平稳了，探空仪说现在风速6米/秒，温度零下78℃。

汕头南澳气象观测站

现在是距离地面25千米，随着高度的上升，我感觉空气越来越稀薄，气压不断地降低，我越来越胖，要撑不住了，就要炸了，我知道我即将结束这次旅行。爸爸告诉我，理论上，我可以飞到30千米以上的高度，但实际上的旅行高度还和天气状况有着紧密的联系，而现在我已经尽我最大的努力了。

四、旅行成果

值班室的叔叔应该收到传回的数据了吧。看，这就是我的旅行成果！他们利用L波段高空气象探测系统随时跟踪我和小伙伴的一举一动。通过计算机实时处理，就可得到不同高度上的气压、温度、湿度、风向和风速等气象要素值。作为众多探空气球中的一员，我的作用还很有限，但只要将全国乃至世界上各个高空站点的探测资料收集起来，就可得到不同等压面上的实时高空天气图，这些"天书"可以成为预报员们解读天气的密码，对一些天气过程的生成和发展趋势有一个详细的了解，这样可以对灾害性天气的发生发展提前做出预测预报，人们就可以提前做好防御措施，以减少气象灾害造成的生命财产损失。

现在真的要说再见了，不必为我惋惜，我和小伙伴的每一次飞行都是自我价值的实现，我们为探空资料的获取而存在，平凡却不平庸。请记住我，我是探空气球小A。

广东气象科普解说词

明朝灭亡　竟然是气候惹的祸？

◎肇庆市气象局　李丹丹

　　嗨大家好，我是时空穿越使者，今天带大家一起穿越时空，了解气候改变历史的那些事儿。古人常说，看天吃饭。可见，人类社会与气候息息相关，气候还能在一定程度上影响历史兴衰，推动政权更替呢。您不相信么？那就让我们打开时空隧道，马上穿越到明朝末年去看看吧。大家都知道，明朝从万历年间就开始陷入动荡局势，此后的皇帝虽然是一个不如一个，却也飘飘摇摇延续了几十年，到了励精图治的崇祯皇帝登基后，反而迅速瓦解，这似乎有点不合常理。于是有学者指出：导致明王朝灭亡的原因固然有很多，但最直接的，其实是气候的影响。

　　提到气候，很多人以为就是风雨雷电。其实，大家平常所见到的这些短时间的气象现象，我们称之为天气。而气候则是指长时期的天气累积，它反映一个地区的冷、暖、干、湿等特征。

　　根据史料研究分析，全球气温在 16 世纪中叶骤然下降，进入了一个 200 年左右的小冰河时期，最冷时期就是 17 世纪明朝末年那段日子了。特别是崇祯年间，华北、华南地区低温、干旱频繁发生。温暖的广东都变得异常寒冷，就连沿海城市都下起了雪，水塘甚至结了 4 到 5 英寸（1 英寸 =2.54 厘米）厚的冰。黄河流域则发生了一场连续 7 年的特大干旱，其持续时间之久，影响范围之广，属近 500 年罕见，由此导致粮食减产甚至绝收，甘肃、山西、陕西等重度干旱地区甚至出现了"人吃人"的惨剧。走投无路的农民，只能揭竿而起，爆发了由李自成等领导的农民

肇庆天气雷达

起义。

　　小冰河时期在明帝国以北同样埋下了历史伏笔，低温干旱使草场线不断向南退化，游牧民族为了生存不得不冒险向南进犯。内忧外患的大明王朝最终在铁马冰河中走向了灭亡。您看，一场气候变化导致的低温干旱就这样让有着近300年基业的大明帝国迅速消亡在历史的长河中。

　　当然了，盛衰之理，虽曰天命，岂非人事哉！但不可否认的是，气候变化确实像是一只"看不见的手"，在一定程度上影响着历史进程。

　　这种影响在同一时期，使得几乎全世界的社会和政治秩序都出现了混乱。比如，英国发生了国内战争，法国则出现了农民暴动，这些都与气候有着密不可分的关系。

　　展望现代社会，温室效应加剧，以全球变暖为主要标志的全球气候变化已经对人类自身的生存环境造成了极大的威胁。

　　所以，了解气候变化与历史演进的关系，可以让我们更加理性和从容地应对气候变化带来的挑战，更有效地构建人类命运共同体。

　　本次气候与历史的探索到此就结束了，您是不是有点儿意犹未尽呢？想了解更多内容的朋友，就来肇庆市气象局吧，我在那里等着您。

广东气象科普解说词

一骑红尘妃子笑

◎ 东莞市气象局　朱思奇

"一骑红尘妃子笑,无人知是荔枝来"。这是杜牧在《过华清宫》中描写杨贵妃喜爱吃荔枝,而唐玄宗为了博心上人之一笑,不惜人力从千里之外专门为玉环定制送货上门服务的诗句。但千里之外指的哪儿呢?是岭南吗?

从作为现在我国荔枝主产地的广州,到唐代华清宫所在地西安,距离2000多千米,现代交通工具需要时间1~2天。我们很难想象1300多年前,三郎是如何通过沿途驿站马不停蹄地把新鲜的荔枝从这么远的地方送到大明宫的。南宋诗人谢枋得在《唐诗绝句注解》中说:"明皇天宝年间,涪州贡荔枝,到长安,色香不变,贵妃乃喜。"涪州就是重庆的古称。所以杨贵妃吃的荔枝应该是产自古时的重庆。

那么为什么重庆现在不是荔枝的主产区呢?荔枝生长发育期间要求高温多湿,最适宜生长温度为23~29 ℃,当气温在0~2 ℃时荔枝树就会遭受到低温危害;同时荔枝生长需要充足水分,要求年降水量1200毫米以上。而现在的重庆年最低温可达零下3.8 ℃,年均降水量在1000~1100毫米,这些条件都不是非常利于荔枝生长。

根据中国古代气象资料记载,隋唐至五代期间,中国正处于气候温暖时期。四川成都一带是适合荔枝生长的。北宋时期我

国气候加剧转寒,在1110年和1178年,福州的荔枝曾有两次全部死亡的记录。不光是荔枝,从史料中我们还能发现其他证据,比如武则天时期,国都长安无冰无雪。那时长安的皇宫里还种有梅花和柑橘。但是到了1111年,太湖全部结冰,太湖和洞庭山出了名的柑橘全部冻死,并且那时的华北地区也早已没有梅树的踪影了。从这种植物生长地的气候变化来看,我们不难发现唐宋两朝温寒的不同。

实际上,我国著名的气象学家竺可桢通过研究发现,近五千年来我国的气候并没有一直变暖,也没有一直变冷,而是呈现出一定的周期性,每次波动的周期,历时400～800年。

从唐朝到现代,1300多年过去了,杨贵妃早已随着历史而消逝,只有引妃子欢笑的荔枝仍流存世间。沧海桑田,我想这世间唯一不变的就是变化本身,倘若我们能把握住气候变化的脉动,那么在应对未来的问题上,我们将更加从容。

广东气象科普解说词

云上的散文诗

◎广东省气象台 龚月婷

大家好，2017年7月，我作为一名新鲜出炉的预报员，开始了与天气打交道的日子。我逐渐发现它是那样一位才华横溢的诗人，不断书写出一篇篇令我惊喜的散文诗。

在这里，它不再局限于简单的数字、降水量级、落区，在这里它是颜色，是声音，是感觉。而我便成了那个幸运的收集者，用相机拍下了它们的美丽，同时也可以和更多人分享。

初到广州，天空用一朵绚烂的浓积云迎接了我，虽已近黄昏，对流衰退，但它仍在夕阳的照射下展现着自己最后的风采。

这样的热对流在夏季炎热的午后时有发生，受热的空气翻滚跳跃，给天上的仙女源源不断地带去水滴和冰晶，这样她们便在城市之上又造出一片淡积云的天空之城，而这一朵大城堡里一定是住着那最美的白雪公主。

热闹的季节自然是少不了热带气旋的身影，强台风"天鸽"飞奔而来，整个羊城笼罩在其螺旋云带中，在这个携带了巨大能量的自然杰作里，云与云、天与地之间碰撞出激烈的火花，这一天，雷声、风声、雨声，声声入耳。

而这一天早晨大概是画家梵高的调色盘被打翻了，布满天幕的高积云描绘出了整个夏天最绚烂的颜色，我甚至不想眨一眨眼睛。但古语有云，朝霞不出门。可不，傍晚时分，层积云裹挟着雷雨掠城而过，又是高温预警，又是暴雨预警，"天上下开水"的一天真是让人猝不及防。

待到9月来，我们仍然在繁忙的汛期，黑云压城城欲摧的日子时有

天空之美

发生,只是它也收敛起一些盛夏最急躁的脾气,会调皮地给我一颗"扑通扑通"跳动的红心,一朵"花椰菜",甚至,它会有更温柔的时候,变成卷云,如羽毛,如华美的衣衫,带来晴朗的一天。我在每天清晨六七点向它们问好,然后挥一挥衣袖,不带走一片云彩。

10月中旬以后,对流云渐渐被较为稳定的层云所代替。城市如同沉浸在深邃的海里,在高层云漏下的丝丝光亮中逐渐苏醒。

待到初秋的11月,冷空气粉墨登场,透光高层云会给初升的太阳蒙上一层蒙娜丽莎般神秘的微笑。大气变得更加稳定并带上了凉意,早晚起了薄雾。

当然,天空也会觉得冷呀,所以经常会有高积云给它盖一层被子,有黄金蚕丝被、玫瑰花瓣被,最后升级到保暖系数最高的棉花被。

1月冷空气不断南下,已柔弱的暖湿气流在冷垫上艰难爬升,便会让整个城市笼罩在蔽光层积云的暗影下,这时我们只想足不出户,裹紧被子吃火锅。但是优秀的冷空气从来不会停止它前进的步伐,待到它继续东移出海,锋面过境,即使在冬天,也有暖阳高照。

这些散文诗我耐心地收藏着,一面敬畏着自然、气象的神奇,一面又期待能更懂得它,因为不管这天空是如何变化莫测,在我们预报员的心里永远都是:你若安好,便是晴天。

洞察世界风云——气象卫星

◎中山市气象局 周 彦

大家好，我是来自中山市气象局的周彦。

今天我所介绍的是：洞察世界风云——气象卫星。

如果有机会从太空回眸地球，相信每个人都会惊叹宇宙之浩渺，而心中油然而生对地球家园的深深眷恋。

相信大家对微信并不陌生，沟通、交流、工作少不了它的身影，但是，微信这张6年来被亿万人无数次刷屏的启动页，实际上是美国阿波罗17号太空飞船拍摄的第一张完整的地球照片。

然而，2017年9月25—28日，细心的用户会发现，微信启动页面的地球图片被悄然更换了，因为在25日这天，我国新一代气象卫星"风云四号"正式交付"上线"，新换的这张地球图片正是"风云四号"拍摄的。微信这一举动，与其说是追求视觉变化，不如说是向迅猛发展的中国气象科技的一次致敬。

大家肯定想知道气象卫星到底是干嘛的？那我们要从天气预报说起了。在没有气象卫星以前，我们是靠气象观测站来获取资料分析天气。

但是占地球表面70%的海洋，以及没有气象观测站的高山、湖泊、荒漠都是盲区，那里天气发生了什么不得而知，而气象卫星恰恰能解决这个难题。这主要是通过卫星装载的各种探测仪器获得不同的气象卫星云图，然后通过云图反演出其他变量，并应用到天气预报模式中。

这里我们就不得不说起气象卫星

中山气象

的分类啦。俗话说"拳有南北",风云气象卫星家族也分两大派别:一个是极轨派,从模型我们可以看到,它与太阳同步,绕地球南极、北极两极运动,轨道高度在800～1000千米;另一个就是静止派,与地球自转同步,可以看到它相对地球保持静止,轨道高度大约有35 800千米。

别看都是卫星,在观测区域和观测频率方面,这两者可大不相同:极轨卫星获取的是全球观测数据,每天全天候对全球扫描观测只有两次;而静止卫星只能观测地球表面1/3的固定区域,不过可以做到持续观测,其中小区域观测可达分钟级。

"风云四号"是中国最先进的静止卫星,它和大气还有一段有趣的对话。

"大家好,我是大气,电闪雷鸣、刮风下雨全凭我心情。人类一直在研究我。这不去年年底又派了一个叫'风云四号'的家伙来监视我。我要动作快点。"

"哼,和我比快还嫩了点,我有闪电成像仪,一秒能拍500张闪电图呢,而且,我可是目不转睛地盯着地球,观测效率达85%。"

"这日子没法过了!厉害了我的'风四'哥。"

"你在天上都不知道人类的科技发展有多快。"

是的,相信未来新气象卫星系统必将以更优异的表现,洞察世界的风云变幻,造福于人们的生产和生活。

广东气象科普解说词

解读台风

◎珠海市气象局 谢 霞

2017年对于珠海人来说是一个非常难忘的年份,我们经历了珠海有气象记录以来最强的台风——"天鸽"。大树连根拔起,十几层楼高的塔吊也被吹断,甚至海边停放的车辆,都被吹到了海里。

说到台风,大家最关注的就是强度和路径了,也就是台风有多强,怎么走,在哪里登陆。今天我们就来说说台风走向的秘密。台风的走向有没有一些规律可循呢?从"天鸽"路线来看,它可以说是稳定的一路向西,到底是什么力量促使这样一个范围有几百千米的庞然大物,直奔珠海呢?珠海真的有什么吸引着它吗?究竟它是怎么知道"登陆密码"的呢?我们来分析一下。拿2017年西太平洋的台风路径图来看,路线弯曲的、平滑顺畅的都有,不过纵使台风的路线千变万化,我们发现,这么多路线,归归类,无非也就这三种,向西走的,向西北走的,还有这种转向路线像一条抛物线的。

其实台风往哪里走,一方面是台风本身的因素,另一方面是外部环境因素。这就好比海上行驶的一艘船,它的前进除了由自己的动力决定,主要还要顺着洋流的方向走。台风也一样,也就是说绝大多数台风都是"随大流",背景的气流怎么驱使,它就往哪里走。

那么影响台风的"大流"是什么呢?就是副热带高压。这个"大BOSS"是常年活动在西北太平洋上空的强大反气旋,在北半球顺时针旋转,台风就诞生在其南侧的东风气流里,所以大多数台风生成后都会顺着这个"大BOSS"东风气流向西走。然而大气环流每时每刻都在变

珠海天气雷达

化,这个"大BOSS"的位置也在变动,它比较弱的时候位置偏东,这时候太平洋生成的台风在远海早早地就转向了,路线像一条抛物线,例如2017年的18号台风"泰利",这一类型的路线,转向早的就去日本一带了,转得晚一点就去华东沿海。当副热带高压加强,这个时候生成的台风就乖很多了,被"大BOSS"引导着向西北方向走,这样路线的台风往往会严重影响华南或者东南地区,2017年的09号台风"纳沙"就是。而且由于副热带高压夏季在这个位置的时间居多,所以大多夏季台风是向西北走,这也是为什么我们广东是受台风影响最多省份的原因之一。当然副热带高压还有更强且扩展到南海的时候,此时生成的台风就乖乖向西走,2017年的强台风"天鸽"就是一个代表。

但是"大BOSS"也有不给力的时候,又或者是某个台风跑出了"大BOSS"的控制范围,这时候就会有其他外部因素来替代副热带高压的作用了,比如说其他台风,气象上叫做"藤原效应",也有人叫"双台风"效应,是指两个台风靠近时,它们的气流互旋。2017年7月的台风"奥鹿"就是这样一个角色,当时大家都说它是"懵圈的台风"。"奥鹿"之所以懵圈,是因为它和它右上方的台风"玫瑰"互旋,兜了一个圈,把"玫瑰"吞了,这就是"藤原效应"。

由此看来,台风往哪里走还真不是自己说了算的,影响它的因素还挺多,所以台风路径容易发生变化。不过随着科技的进步和气象部门对于台风更多的认识和了解,台风路径预报准确率正在逐步提高。作为一名普通市民需要做的有两点,一是平时多学习一些气象科普知识,了解气象预警信号的含义和防御指引,二是当有台风影响时,要及时关注气象部门发布的最新预报预警信息,做好防御。

广东气象科普解说词

北方人不懂南方人的痛之"回南天"

◎广东省气象公共服务中心 曹 梅

大家好,我是来自广东省气象公共服务中心的曹梅。今天和大家讲讲北方人不懂的南方人的噩梦——"回南天"。

我是一位气象小编,及时与公众沟通,了解公众的需求是我的日常工作。我们做了一个小统计,从12月到次年4月,公众们问得最多的问题,除了冷空气,就是"回南天"。潮湿的地板和墙壁,永远晾不干的衣服,可以拧出水的被子,可见"回南天"给我们广东人民带来的阴影有多严重。别怕,今天我们就来聊聊"回南天"。

有句话是这么说的:广东的冬天爱上了夏天,为了能在一起,他们合伙干掉了春天和秋天,过上了幸福的生活,还生了一个宝宝,叫"回南天"。百度百科的官方解说是这样的:"回南天"是对我国南方地区一种天气现象的称呼,通常指每年春天时,气温开始回暖而湿度开始回升的现象。如果我没有学过气象,我一定会问,这是说了啥?接下来我们就用很接地气的办法来给大家解释下"回南天"产生的原理。

这面镜子就是我们家里的瓷砖、地板或者墙壁,经过长时间冷空气的熏陶,冰冰凉凉的。这杯冒着热气的热水,就是水汽充足、带来明显回温的暖空气,当室内还是冷的情况下,暖空气突然来了,两者一相遇,"回南天"就诞生了!

简单说就是影响了一段时间的冷空气走后,暖湿气流迅速反攻,注意,要迅速,致使气温快速回升,空气湿度加大,一些冰冷的物体表面遇到暖湿气流后产生水珠。当你感觉到室内物体冰冷，室外空气暖湿，那就要留个心眼，"回南天"可能要来了。

当新的较强的冷空气南下将暖湿气团冲散，或者暖空气继续加强，气温持续升高，房间内外温差减小，也就是这杯热水变凉了，或者这面镜子逐渐被捂热，"回南天"就结束了。

知道了这些，我们就能采取有针对性的应对办法。

我们可以让冷的环境变暖！比如用热水拖地板，增加地板的温度。点蜡烛，当然使用过程中需注意用火安全。或者阻止冷、暖空气的相遇，尽量让它们无法见面。可以紧闭家中的窗户，特别是关闭朝南和东南的窗户，不给窗外虎视眈眈的湿气任何潜入的机会。如果二者已经相遇了，那我们就只好吸湿了。比如用空调、除湿机来抽走房间内的湿气；在地上桌子上铺报纸，既吸湿又防滑。另外洗衣粉、苏打粉、石灰等都可以吸湿。

"回南天"的预报，我们一直在路上！广东省气象局2011年开展了首次"回南天"预报。2012年，广东省气象局自主研发的"回南天"自动观测仪投入使用，首次开始了"回南天"观测。到目前为止，广东已建成了38个"回南天"观测站，为全省"回南天"预报提供数据支撑。并在日常气象监测中增加了室内地面温度的监测。服务方面也大步前进，公众可以通过我们的天气短信、各地天气微博微信、"停课铃"手机应用程序等渠道获取"回南天"的相关预报和防御指南，提前应对。

最后再聊几句心里话，"回南天"带来的困扰，换个角度思考，实际上是因为很多现代生活方式没能顺应自然、尊重自然，没有天人合一而导致的。多数现代家居，追求光滑的墙壁和地砖，在"回南天"下，地面湿滑，墙壁"出水"，特别明显。而同一时段，当你走进广东民间宗祠式建筑的代表陈家祠，就会发现古代建筑与自然的和谐，"回南天"里地上的方阶砖依旧干爽。很多土生土长的"老广"，小时候都是坐在地上玩耍，却没听说过"回南天"。也许，"回南天"的出现，并不完全是一种自然的天气现象，也有很多人为因素，这值得每个人深思。

科学与文化的象征——二十四节气

◎ 梅州市气象局　周　明

说起"四大发明"很多人都耳熟能详，那么"第五大发明"，你们是否清楚呢？下面由我来向大家介绍被誉为中国"第五大发明"的二十四节气。

二十四节气是表示季节变迁的24个特定节令，是根据地球在黄道，也就是地球绕太阳公转的轨道上的位置变化而确定的，它们分别对应于地球在黄道上每运行15°所到达的一定位置。二十四节气是中国先秦时期开始订立、汉代完全确立的用来指导农事的补充历法，并一直沿用至今，是我国古代劳动人民的智慧结晶。

2016年11月30日，二十四节气被正式列入联合国教科文组织人类非物质文化遗产代表作名录。在国际气象界，二十四节气被誉为"中国的第五大发明"。

那说到二十四节气，我们究竟应该把它看成是科学，还是文化呢？

也有不少人提问：

为什么二十四节气作为农历节令，却跟公历对应那么好，比如清明总在4月5日？

为什么有时看新闻报二十四节气不止有日期，还精确到分秒？

为什么有时觉得二十四节气挺准有时又不准？

下面我来为大家一一解读。

一、二十四节气是根据公历制定的？

首先，我们得先知道，商朝时只有仲春、仲夏、仲秋和仲冬四个节气，周朝时慢慢发展为八个节气，到秦汉年间，二十四节气已经基本确立。很多人都会认为农历就是阴历，其实不然。我们的农历是包含阴历也包含阳历，既所谓的"又阴又阳"。最开始古代中国人先观测到了月亮的变化，因为月亮的圆缺变化更加直观，信息更易于捕捉。但同时，我国古代是一个农业社会，当时的农业生产完全是靠天吃饭，需要严格掌握气候变化的年周期，而这极大地依赖于太阳的变化规律。

梅州天气雷达

但是，我国古人慢慢发现，月亮的变化与太阳的变化并不吻合，如果只看月亮的话，每12次月亮的圆缺周期后，就会比太阳的一个周期差出一段时间来。日积月累，差距越来越大，农业生产完全得不到指导，于是，机智的古人就在阴历的基础上，补充了太阳的变化，并总结为二十四节气。所以，二十四节气是农历的一部分，它本质上是阳历，我们现在通用的公历也是阳历，两者自然吻合度很高。而农历是阴阳合历，因为有阴历的成分，所以跟通行公历有较大差距。

二、为什么二十四节气能准确到分秒

二十四节气是依据太阳变化制定，本质上是根据地球绕太阳的公转和地轴倾斜造成的黄赤交角。如果我们把地球绕太阳公转的轨道视为一个平面圆，二十四个节气正好平分360°，把春分点看作0°，那每过15°就是一个节气，所以精确到分秒自然不是难事。

三、二十四节气到底准不准？

二十四节气不仅在天文上做了精准的角度划分，还加入了其他信息。比如雨水、小暑、寒露、霜降、大雪，这是气象信息；而惊蛰、清明、谷雨、小满、芒种，这是物候信息。这让二十四节气的准确性，受到地理条件的限制。二十四节气源自黄河流域，以这一纬度带的温带季风气候特征为基础。但我国幅员辽阔，气候资源多样，中原以外的大片区域，自然也难以套用二十四节气。

所以，综上三点，二十四节气它既是科学，也是文化，是我们值得骄傲的"第五大发明"。

智慧气象的过去、现在与未来

◎ 中山市气象局　霍浩贞，李毅恒

霍浩贞

我：哎小胖，今天天气怎么样啊？

小胖：小主人，您好！今天阴天，有中到大雨，伴有雷电，外出指数为负，请留守家中。

我：这样啊！那——我——们——今——天——做——什么——啊？

小胖：亲爱的主人，监测到您的智商为0，今天帮您升级智商。请开启升级通道。

我：来就来，谁怕谁。

时光来到公元二世纪末。东汉衰落，三分天下，赤壁之战正准备上演。诸葛孔明夜观天象，他掐指一算，明天肯定会吹东风。

其实这就是我们智慧气象的雏形。

再走近一步，二十四节气大家肯定不陌生吧。二十四节气是古代劳动人民通过长期的农业实践，总结出来指导农耕活动的时间表。农民伯伯在劳动中发现一年到了某些时间点，天气就会有一些变化，年年都是如此，于是就总结出了24个节气。来小胖，背背二十四节气听一下。

小胖：好的，春雨惊春清谷天，下面主人你来接。

我：看不起我是吧？听着。夏满芒夏暑相连，秋处露秋寒霜降，冬雪雪冬小大寒。厉害吧。

小胖：亲爱的主人，监测到您的智商升为30，接下来开启现代篇。

时光来到21世纪。要预报天气，就需要对天气进行全方位、多角度的观察，比如知道温度湿度，阴晴雨雪等等。这个时候我们就有了地基、空基、天基三位一体的观测体系。

中山气象观测站

地基是地面观测，是目前最普遍也是最常用的观测手段，我们每天看到的温度、湿度、风力等就是通过地面观测站测出来的。气象雷达作为地基遥感观测，是预报员的眼睛，它让预报员在很远的地方就能发现降水，判断出哪里将要下雨，雨带将移向哪里，雨量增大还是减弱。

空基是指通过探空气球、气象火箭、飞机对大气进行监测，是预报员了解空中大气演变的主要手段。

最后，天基是指天空，天空需要由卫星从大气层外进行观测，相当于一双从地球外观测地球的眼睛，我们看到的卫星云图就是它观测的产物。

小胖：亲爱的主人，监测到您的智商升为60，接下来开启未来篇。

时光来到2020年，超级计算机、量子计算机快速发展，天气预报的准确度和精准度大幅提高。

除此之外，还有一项黑科技，就是可穿戴式气象传感器。像智能手表、智能手环等设备，将一些气象传感器，比如测温度、湿度……整合到里面，然后就可以像我们的天气机器人一样，根据我们身边的实况提供更加细致的天气提醒。小胖，你说是吧。

小胖：是的主人。恭喜您智商升到90。不过雨快到了，请关窗收衣服。

怒发冲冠——静电

◎ 广州市花都区科普中心　李莉茹

大家下午好，我是李莉茹，今天我给大家带来的演讲主题是《怒发冲冠》。中国武侠小说中有一位非常著名的白发魔女，头发长长的，白白的，但我今天要讲的并不是她，而是我身后的黑发女子，大家看到这位疯狂的女子，不妨猜猜她玩的是什么？嗯，没错，她玩的就是我们花都区气象局气象天文科普馆的"怒发冲冠"展项，这个展项可受孩子们的欢迎了。那你们又知道是什么让女子的头发炸起来呢？

接下来我就和大家一起来揭开"怒发冲冠"的奥秘。我们都知道物质都带有正电荷的质子和负电荷的电子，当两个不同的物体相互接触时，一个物体的电子就会受到外力的影响而转移到另一个物体上，这样得到电子的物体便带有负电，失去电子的物体便带正电。这样两个物体的电子就会分布不平衡，若在分离后电荷难以中和就会积累，使物体带上静电。当人站在绝缘台，手触摸高压静电球时，球体电荷就会转移到人身上，人体带有与静电球相同的电荷，人的头发因同种电荷相互排斥，这样"怒发冲冠"的景现就呈现了。

原来静电也可以这么好玩，但是现实中的静电却不是那么听话了。在天津一加油站内，一辆灰色小客车在进行自助加油时，油箱口竟突然起火，燃烧的汽油瞬间在地面形成一条火蛇。最终查明起火原因竟是加油者当天穿着化纤面料衣服，在进行自助加油时，因身上静电引燃了油气。由静电放出的少量电火花会让我们感受到"叭叭"声响和刺痛感，

广州花都气象天文科普馆

可当静电放出的电火花能量达到汽油引燃最低能量，并且汽油与空气混合到一定比例时，就会引起燃烧或爆炸。每年在加油站因静电起火的案例还不少呢！

看似很小的静电，它的脾气竟然这么大，但人类并没有因此对它怒发冲冠，反而把静电的高压放电技术利用起来。您看，高压静电吸尘器、把蚊子打得"啪啪"作响的电蚊拍、我们家里的煤气灶打火开关等等，这些与我们生活息息相关的高科技产品都是利用了静电放电的技术。

小小静电，既有危害但也能带来高能效益，看来我们要好好研究静电，运用静电，让静电好好为人类服务。

我的讲解完毕，谢谢！

广东气象科普解说词

龙卷知多少

◎深圳市气象局　孙　瑜

在座的各位评委以及观众，大家好。接下来我要跟大家分享的是"龙卷知多少"。

不知道大家对 2015 年 10 月 4 日登陆湛江的强台风"彩虹"还有没有印象，当时中心最大风力达到了 14 级，狂风暴雨导致台风过境之处一片狼藉。受"彩虹"的影响，顺德区遭到了龙卷的袭击，导致 3 人死亡，80 人受伤。我们为生命的逝去感到惋惜，但从侧面想一下，若是我们随时都做好了灾难来临的准备，对自然的力量有所了解，有所敬畏，是否就能使这些生命免受凋零？

俗话说知己知彼才能百战百胜，那我们了解龙卷的第一步就是要知道这种极具破坏性的灾难性天气到底是如何形成的。龙卷的形成有一个先决条件，就是不同高度层之间风速风向要有很大的改变，也就是我们说的低空垂直风切变，这就能导致气流气旋式幅合上升，形成空气的旋转，转速加快就形成了漏斗云，漏斗云接触地面就形成了龙卷。

然后我们来看一下 1980—1993 年龙卷的分布（详见光盘），可以看出华北地区、长江中下游平原以及珠江三角洲地区时常受到龙卷的青睐，广东省更是以平均每年 4.8 个龙卷仅次于江苏成为龙卷的常发地之一。

那是什么原因导致广东省独得恩宠的地位呢？首先我们来看珠江口的地形，以顺德区发生的龙卷为例，台风在进入喇叭口状

深圳气象

的珠江口之后，低空的气流由于地面的摩擦以及失去了海洋的加热作用之后，风速迅速降低，而高空的风速还维持着很高的水平，这就为龙卷的发生提供了温床。

　　既然龙卷时常光顾，我们该采取什么防御措施呢？首先，每个家庭平时要准备一个应急包，里面需要配备能维持你生命三天以上的食品、药品、水以及照明装置，并及时更换，以防过期。其次，龙卷来临时，要迅速躲到室内，地下室是首选，如果没有地下室的话，就选择没有窗户的内部房间，若是这两个条件都不能满足，就选择结构比较坚固的内部房间（如浴室）或者相对牢固的家具内部。确保你的耳边已经听不见龙卷的呼啸声了，这时候就可以拿出你的照明装置，检查你周围是否有掉落的电线，以防发生触电。最重要的一点是在确保自己安全的情况下再去帮助周围受困或者受伤的人。

　　希望我们的科普能使更多的人了解灾害的形成机制以及逃生办法，也希望在灾难中能多一些像"沙滩天使"蒂莉·史密斯（Tilly Smith）一样，用自己的智慧挽救自己和他人生命的人，让绝望与无助的眼神少一些。

　　谢谢大家聆听。

广东气象科普解说词

风云四号

◎ 广州气象卫星地面站　黄　晨

黄　晨

自古以来，人类就渴望能够掌握叱咤风云的超能力，于是创造出了能够翻天覆地的如来佛祖，能够上刀山下火海的孙悟空，但是再怎么叱咤风云，那也只是神话。

今天我要给大家介绍一位真正叱咤风云的网红——"风云四号"A星，一颗静止气象卫星，2016年12月11日在西昌卫星发射中心成功发射，被称为"世界最先进的气象卫星"。

大家应该都知道，微信的启动画面是从宇宙中看到的地球上的非洲大陆，这张图片是47年前由阿波罗17号太空飞船宇航员拍下的第一张地球的写真，也是人类第一次从太空中看到地球的全貌。

但就在2017年9月，微信启动画面6年来首次换脸，使用了我们的"风云四号"的作品，启动页面上是我们祖国的高清全貌。可别小瞧这张照片，那可是有7亿人民浏览过，放在娱乐圈，是当红不让的"流量小生"。"风云四号"可不单单是只会拍地球的高清"艳照"，人家可是货真价实的实力派。来看看人家是怎么叱咤风云的？

一、千里眼

"风云四号"的千里眼比二郎神厉害多了，能够在离地球约3.6万千米的高空上看穿地球大气的风云变幻。因为它装载着多通道扫描成像辐射计，有了它，"风云四号"就好比戴了一副可以识别14种颜色的眼镜。如此一来，地球上的任何风吹草动，哪怕湖面温度变化0.1 ℃，都无法逃过它的"火眼金睛"。

二、手速快

天下武功唯快不破,"风云四号"的手速不是以秒计算的,人家能以秒拍500张图的速度抓拍闪电,准确记录闪电的频次和强度。而通过这些数据,科学家可以监测闪电,预防伴随闪电而来的强对流天气。

三、身手敏捷

虽然"风云四号"在风云家族里是最"胖"的,但它的身手却是最敏捷的。它的二哥——"风云二号"需要30分钟才能完成一张地球圆盘图,而它只需要15分钟,可以说是个"灵活的胖子"。另外,"风云四号"对东西、南北各1000千米区域的观测时间仅需要1分钟。也就是说,如果哪里出现突发天气状况,它只要1分钟就可以扫出一张区域图像。无论是2017年5月北方的沙尘、华北特大暴雨监测,还是6月底至7月初南方的"苗柏"台风,它都起到了重要的气象监测作用。

别看"风云四号"这么厉害,它能够叱咤风云其实也是科学家们一步步摸索过来的。在30年前,中国发射的第一颗气象卫星仅在太空中工作了39天,今天,我们的"风云四号"在太空叱咤风云,彰显国威,它为81个国家和地区的用户提供高时效的气象卫星数据,覆盖"一带一路"沿线的37个国家和地区。

"风云四号"很牛,但这并不是终点,对于它来说,既然选择了远方,便只顾风云兼程。

广州气象卫星地面站

广东气象科普解说词

暴雨的那些事儿

◎揭阳市气象局 夏 云

大家好,我是10号选手夏云,来自广东省揭阳市气象局,我今天讲解的主题是:暴雨的那些事儿!提起暴雨,大家脑海中首先想到的,可能是天昏地暗,大雨滂沱!但你可能还会有这样的体会,气象台发布暴雨预报,好像也不是每一次都会大雨倾盆,这是预报错了呢?还是另有原因?让我们一起来了解一下暴雨的那些事儿。

在气象学上,24小时降水量为50毫米或以上的强降水,我们称之为暴雨,那么50毫米的降水量平均分配到24小时,与几个小时,甚至是1小时之内相比,会有哪些不同呢?做个试验你就明白了。假设左右两边是等量的水,左边雨势平缓,右边雨势猛烈,看到这个结果,相信大家都知道他们之间的区别了吧!其实啊,左边的我们称之为稳定性降水,右边的我们称之为对流性降水。由此可见,不同降水性质造成的暴雨,会产生多么截然不同的影响啊。还记得2014年7月26日那天,我的老家合肥下了场急脾气的暴雨,1小时内巢湖路降水量就达到了惊人的81.7毫米,躺在宿舍床上的我接到妈妈的电话说:"儿子,其实你可以不用去广东那么远的地方看海,在家里也是可以看海的!"

好了,接下来我们再来说说暴雨可能会造成哪些灾害,比如说城市内涝、农田积水、山洪暴发、水库垮坝、江河横溢、山体塌方和房屋倒塌等。那么该如何避开暴雨呢?首先,也是最简单的方法,就是密切关注您所在地的气象预报预警信息,同时您还可以通过"缤纷微天气""停

课铃"、微博、微信和网站等渠道及时了解天气信息。《广东省气象灾害预警信号发布规定》中把暴雨预警分成了三个等级：暴雨黄色预警、暴雨橙色预警和暴雨红色预警。一般来说，它们都是某种提前警告，表明虽然天空中风平浪静，但危险可能就在眼前，每种信号所表示的降水时间和降水量也都有所不同，所以大家要针对不同预警，相对应地做好防御措施，以防受灾。

倘若不幸，真的被困在暴雨中了，我们该怎么办呢？往高处转移是个不错的选择，但还是要注意避开电线杆和铁塔，以防触电。也可以采取小包围战略，砌围墙，放挡水板，配置小型抽水泵等等，也都是有效的措施。同时室内躲雨切不可大意，一旦积水漫延，应及时切断电源。在室外水中行走的时候，要当心脚下，贴近建筑物行走，防止掉入窨井和地坑等等。开车的时候，要注意路面积水，同时能见度低，要看清路况再前行。当然了，在日常生活中，我们要更加关注城市排水系统的清洁，不要将垃圾丢入下水道，以防堵塞，造成暴雨时积水成灾。

好了，关注天气，关注生活，关注安全！我的讲解到这里就结束了，谢谢大家！

广东气象科普解说词

揭开"雷公电母"的神秘面纱

◎广东省气象公共安全技术支持中心 叶泽文

有人会问,雷公电母是怎么来的呢?我们都知道,大自然的力量无比强大,而我们的祖先遇到一些人类认知上无法解释的事物的时候,总喜欢给他们赋予一些神秘的色彩。当人们看到雷电那毁天灭地的气势和破坏力时,便对其充满了无尽的敬畏之心,因此把雷电奉为"雷公电母"。

雷电的本质其实是发生于大气中的瞬时大电流、高电压、长距离的自然放电现象。

现在我就以雷电中的地闪为例,来讲解一下雷电的形成过程。要形成雷电,需要有雷暴云形成,等雷暴云中的电荷量积累到憋不住的时候,就会离开云体向地面放电,随机的向下分叉发展,同时在周边产生强大的电场。等发展到地面附近的时候,就会选择电阻率较低的物体,例如,一些有尖端的或金属的物体,进行接闪。所以建筑物上的接闪杆就是有尖端的金属杆。接闪后形成一条贯穿云和地的闪电通道,这时憋了很久的能量终于可以尽情释放了,于是雷暴云通过这条通道瞬间向大地释放巨大的能量,在通道里产生强大的热效应和光效应。巨大的热量使通道中的水汽瞬间膨胀、爆炸,"轰隆隆"……发出雷鸣声,这就是所谓的雷公。而强大的光效应则在通道中发出耀眼的光芒,即所谓的电母。雷公是听觉上的认识,而电母则是视觉上的认知,只是不同器官的不同感知而已。

雷电野外科学试验基地

"雷公电母"虽然恐怖和神秘,但随着科技的不断进步,我们气象部门已经掌握了多种先进的雷电探测技术和设备,来逐步揭开"雷公电母"的神秘面纱。现在我们都知道,"雷公电母"就是平常所说的雷电,只是大自然中的一种力量的表现形式而已。目前,我们气象工作者通过探测设备对他们揭秘之后也制定出了一些相应的防御措施,以减少雷电对我们公共安全领域带来的危害。

广东气象科普解说词

自然美景中的天气现象

◎ 广东省气象局机关服务中心　赵毅鹏

赵毅鹏

大家好，我是来自广东省气象局机关服务中心的赵毅鹏。

在当今，人们外出旅行越来越多，沿途看到的自然美景也越来越多，在这些美景中，不免有一些天气现象的增色，人们有时就会好奇它们的成因，那么今天我就来简单介绍一下。

首先，我们来看看屏幕上卷着白毛漫天飞舞的风，这叫做"白毛风"，是新疆阿勒泰地区的一种天气现象。看起来是不是还蛮神奇的，其实它的形成原理挺简单，就是大风吹过峡谷时被挤压，致使风力骤然变强，再夹带上沿途的沙雪，这就形成了独特的"白毛风"。因为新疆阿勒泰地区峡谷多，高压释放形成的大风天气也多，所以在这里"白毛风"也不足为奇。

看过了"白毛风"，我们再来看看黄山的云海。云海，顾名思义，就是云多得如海一般，它是怎么形成的呢？主要原因有二：第一，黄山的山高但是谷低，山谷里的树木繁茂，日照时间短，这样水蒸气就不容易蒸发，因而湿度大，水汽多，常常可以看到缕缕轻雾自山谷升起；第二呢，在冬春季节时，大气层中低层的气温低，这样云层的凝结高度也就低。山谷中上升的雾和凝结高度低的云结合起来，就形成了我们看到的云海。

看过了黄山的云海，我们把视线移向北，来看看吉林的雾凇。每当雾凇来临，吉林松花江岸十里长堤就如"忽如一夜春风来，千树万树梨

广东省突发事件预警信息发布中心

花开"一般,景象独特,不免让人好奇吉林雾凇形成的原因。每到冬季,吉林松花江面封冻,但冰层下面几十米深的水里仍能保持 4 ℃的水温,水温和地面温差常常在 30 ℃左右,温差使得江水产生雾气,江面常有雾气升腾,久久不散。与此同时,地面的温度在零下 20 ℃以下,江面上上升的雾气遇冷便以霜的形式凝结在江边的树枝上,这就形成了吉林松花江岸"千树万树梨花开"的独特景象。

最后,我们再来看一看旅途中的晚霞(详见光盘)。大家可以看一下屏幕,这公路沿途的风景可能很平常,但有了晚霞的增色后,也变得多姿多彩起来。在太阳光射入地球时,大气层会把太阳光中混合的多种光分离开来,波长较短的蓝、紫、青等颜色的光很容易散射出来,到了地平线上空,就只剩下波长较长的红、橙、黄光了,这几种光再被空气中大量的水汽和尘埃等杂质散射后,就形成了绚丽多彩的晚霞。

好了,以上就是我为大家介绍的一些旅途中的天气现象,相信在知道了它们的成因后再次看到这些美景,会另有一番感受,谢谢大家!

广东气象科普解说词

认识了解一个调皮的小孩——ENSO

◎阳江市气象局　王平平

今天我来带大家认识和了解一个调皮的小孩——ENSO（El Niño-Southern Oscillation）。

首先我们先来了解 ENSO。什么是 ENSO？ENSO 是厄尔尼诺和南方涛动的合称。南方涛动是一种类似跷跷板的气压变化。而它又是怎样的一种跷跷板变化呢？在这张图上我们可以看到两个星号标记的位置（详见光盘），分别是达尔文港和大溪地，我们主要是根据这两地的地面气压变化的差值来判断是否是厄尔尼诺。

厄尔尼诺又是什么呢？厄尔尼诺是指海温异常变化，它还有一个家人就是拉尼娜，拉尼娜是厄尔尼诺的反现象。为什么称它们是"调皮的小孩"呢？因为厄尔尼诺和拉尼娜都是源于西班牙语，厄尔尼诺在西班牙语中译为"圣婴"或"小男孩"，拉尼娜则为"小女孩"。

为什么海温异常变化会对天气有这么大的影响？我们先来了解一下我们生活的地球。我们的地球表面 70% 是海水，30% 是陆地，海水占的比重大。而水还有一个特殊的能力，就是它的存热能力强，这就是为什么北方供暖用水来做介质。海温的异常所带来的更深的影响就是整个系统内的热量分布出现异常，所以它才会对我们的天气造成这么大的影响。

接下来我们来看一下 ENSO 对我们国家气候有什么影响。这张图我们可以看到厄尔尼诺对我国气候的一个整体影响，对我们广东省来讲影响最大的是台风。我们来看一下对台风有一个怎样的影响，我们看出在厄尔尼诺年西太平洋生成的台风数量少，拉尼娜年则数量多。接下来我们来看一下登陆我国台风数量的变化情况，可以看出和台风生成的数量变化相同。

而造成这样的原因是什么？我们来看这张图，偏东信风将温暖的海水吹向西太平洋，在这里形成暖池，从而带动这里热空气上升，成云致雨成为台风形成的温床。我们再看厄尔尼诺年，整体形势是相反的，台风形成的温床遭到破坏。而拉尼娜年则是让温床变得更加舒适，更适宜台风的形成。

接下来我们看一下 ENSO 在我国造成的极端天气事件：我们看一下 1998 年的洪水，这是厄尔尼诺对我国造成危害和损失最大的一次；接下来是 2008 年的雨雪冰冻灾害，诱因是拉尼娜现象，由于是发生在春节前，导致春运瘫痪，很多旅客滞留；最近的就是 2016 年的超强寒潮，当时我们广东地区很多地方都下雪了。

今天为大家介绍 ENSO 不光是想让大家认识了解它，更多的是希望大家能关注它，关注气象，合理安排我们的生活，这样当天气出现异常变化时，可以减少我们的财产损失和人员伤亡。

谢谢大家，我的讲解完毕。

阳江天气雷达

广东气象科普解说词

温柔的陷阱——台风眼

◎汕尾市气象局　许　倩

台风是大自然鬼斧神工的杰作之一，曾几何时人们惊叹于台风的威力而束手无策，但是随着智慧气象的发展，台风对我们来说是祸福相依的。汕尾市海岸线较长，是台风登陆频繁的地区。从汕尾登陆的台风，最多的时候一年里有两个，虽然台风常常带来狂风、暴雨等自然灾害，但其丰沛的降水，对缓解干旱却有着重大作用。

大家所看到的这幅图片（详见光盘），就是台风的卫星云图，它向我们展示了台风的尊容。台风就像一团甜甜的棉花糖，而位于"棉花糖"中心的"无云区"就是台风眼，被称为温柔的陷阱。

什么是台风眼呢？台风是发生在热带海洋上的强烈天气系统，从外围到中心风力会逐步增加，但到了中心区域风力又会迅速减小，台风眼位于台风中心，对应地面为晴空或少云区，降雨在该处也会停止。

接下来一起来看一下史上最大和最小的台风眼是什么。自从有了卫星，监测台风变得更加直观、便捷，从图中我们可以看到（详见光盘），

最小风眼的是 2007 年的"卡拉"，风眼直径只有 2 千米。而最大的台风眼是 1997 年的台风"温妮"，风眼直径达到了 400 千米。2016 年从汕尾登陆的台风"海马"就是一个大眼台风，直径达到了 200 千米，但也仅仅是"温妮"的一半。

台风眼就像是温柔的陷阱，虽然通过一个地方时风平浪静，常常被人们误认为台风已经过去，但实

汕尾天气雷达

际上当台风眼经过本地后,台风的核心环流还将再次袭击,这时候出现的将是更为猛烈的狂风暴雨。

大家看到的这幅图片(详见光盘),就是进入过台风眼,舍命报道台风的追风女记者,她叫刘轻扬。据她描述:"进入台风眼的那一瞬间,天很晴,太阳很大,感觉非常的奇妙。"这也印证了一句话"风暴中心最平静"。但风平浪静后瞬间变为狂风暴雨,这对于随风奔跑的人来说,随时都会带来危险,刘轻扬险些被巨大的广告牌砸中而丧命。

既然这么危险,为什么要追风?为什么要研究台风眼呢?因为台风眼不仅是确定台风登陆点的关键,还是判断台风是否真正形成的依据。台风眼的大小,决定了台风的强度和变化趋势。例如:台风眼由大变小标志着台风正在加强,台风眼越小,风力越大;相反,如果台风眼不断变大,意味着台风在逐渐减弱。

最后,我们再来看一张特别的云图(详见光盘),这是2015年的台风"基洛"和"伊纳休"两个大眼台风的卫星云图,看起来就像长着一双大眼睛的婴儿在向我们微笑。

台风云图虽美,它带来的危险却无处不在,而那厚厚云层中的一眼,却似温柔的陷阱,美好却是致命的。

广东气象科普解说词

骨干业务卫星——"风云二号"

◎ 梅州市蕉岭县气象局　林鹏鑫

林鹏鑫

大家好,今天给大家科普的题目是《骨干业务卫星——"风云二号"》。可能很多人会说现在都已经发展到"风云四号"了,为什么还要说"二号"呢?因为我们了解历史总是要从经典说起。"风云二号"气象卫星是我国自主研制的第一代同步轨道气象卫星,更重要的是它奠定了我国在世界气象组织的地位。"风云二号"卫星由三颗试验卫星和四颗业务卫星组成,作用是获取白天可见光云图、昼夜红外云图和水汽分布图,进行天气图传真广播,还可以收集水汽、水文、海洋数据,监测太阳活动与卫星所处轨道的空间环境等。"风云二号"从20世纪90年代开始投入使用,到今天它依然在为我们工作,它是我国的第一个静止气象卫星。静止卫星并不是说静止不动,而是在赤道上方约36 000千米高空,运动速度与地球自转同步的卫星,以西安为中心,北到西伯利亚,南到南印度洋,西到非洲,东到太平洋,都是"风云二号"观测的范围。

在使用气象卫星之前,我们都是通过各个地方的气象站来发送数据的。我们都知道地球表面70%都是海洋,只有30%是陆地,气象站的数量毕竟有限,没有气象站的地方就没有数据,导致观测的地球产生大片盲区,而且气象站发送的频次特别低,一天只有几次,有了气象卫星之后我们可以得到全球全天候资料,"风云二号"可以6分钟取一幅图,这样天气的演变就会变得更加连贯。科技发展速度很快，可能大家对6分钟没什么概念，给大家举一个例子。夏天经常会有一阵雨突然来了，然后很快就消失了的现象，对于这样的一种局地天气，可能我们原来半个小时才得到一次数据，没下之前得到一次，等下一张图再出来雨已经下完了，这是由于技术原因导致预报的准确率无法保证。但如果是几分钟得到一次数据，甚至是一分钟得到一次的话，对局地短时强降水的天气预报，就给了预报员一个良好的观测手段，从而增加预报的准确性。这就是科学进步带来的生活便利。

"热爱祖国，无私奉献，自力更生，艰苦奋斗，大力协同，勇于攀登"是我国的"两弹一星"精神，我们站在巨人的肩膀上，或许你看不清巨人的容貌，但请一定要将他们的成果和精神发扬传承下去。

梅州天气雷达

广东气象科普解说词

天气常备　平安旅行

◎ 茂名市气象局　黄冬至，陈蔚烨，齐向阳，于晋秋

于晋秋

一、引子

演讲人：最近有一款网络游戏比较火，就是《旅行青蛙》。我家也有一只这样的小青蛙！你看它又制定好旅游路线了。

二、出门前（在家里）

演讲人：嗨，小青蛙，出门前你看天气了吗？

旅行青蛙：看天气？我可是两栖全能的青蛙啊，古时候人类还要靠我们看天气呢？

演讲人：这你就错了！古时候，你只能看到井口那么大的天，可现在一出门就是飞机高铁，你能知道千里之外的天气吗？你就不怕下了车，冷得找不到秋裤或热得变成铁板青蛙吗？所以啊，你还是看好天气再出门吧。其实现在有很多渠道可以看天气，比如说电视、网站、微博微信、手机应用程序、"12121"查询电话和天气短信等等，是不是简单又方便啊？

旅行青蛙：哇！太好了，那我放心地去玩啦！

三、城市（暴雨）

演讲人：诶？我的小青蛙今天打算去看小蛮腰啦，他问我小蛮腰那里会下雨吗？

想知道"小蛮腰"的天气，我们可以用手机关注广东天气公众号，或者"缤纷微天气"来查询。"缤纷微天气"采用了精细化网格预报技术，不仅能够精确查询到手机用户所在区县甚至街道的实时天气，还可以准

确告诉你几点几分下多少雨,到几点几分停止。除此以外,"缤纷微天气"也可以随时查看天气预警、停课信号、雷达图和台风路径等,甚至可以实景"拍天气"呢。我要赶快告诉我的小青蛙啦。

四、农村(雷雨大风)

演讲人:哇,茂名天马山的风景真美啊,原来我的小青蛙打算在山谷露营了。露营最怕的就是下雨了,如果山洪和泥石流爆发,我的小青蛙就变成"泥焗蛙"了。不过现在的农村和偏远山区都安装了农村气象预警大喇叭和气象预警塔,利用了北斗卫星和无线移动网络技术,快速、及时、有效地向农村、偏远山区发布天气消息和预警,如果有暴雨,灯光闪烁,喇叭大叫,我的小青蛙一定会听到的。

五、海上(台风)

演讲人:今天我的小青蛙出海了,它要去茂名的放鸡岛看一看,我还是送它一个天气小贴士吧。

广东茂名海洋广播电台采用频率为 $3.360MH_2$,电波覆盖半径可以达到 1500 千米,所以它是茫茫大海上最可靠的"消息树"。南海渔场天气每天定时播报,要是有台风进入南海,每小时播报一次位置和最新天气消息,我的小青蛙在海上也不用担惊受怕了。

六、总结

旅行青蛙:呱呱呱呱呱,妈妈,我终于到家啦。多谢你的天气护身符,有了智慧气象服务真是太方便了!

演讲人:那当然啦,现在气象服务向智慧化、气象预报向精细化发展,无论你在何时何地都可以找到相应渠道了解气象信息。所以,你一定要记住"天气常备,才能平安旅行"。

来,跟大家说再见了。

呱呱……

茂名海洋气象广播电台天线

广东气象科普解说词

神奇的海陆风

◎ 江门市气象局　黄青兰

黄青兰

　　大家好，我是来自江门市气象局的黄青兰。

　　在我面前有一个海岸微缩景观箱（实验演示：提前在箱子里代表陆地的一边点燃小蜡烛），箱子的这边是大海，另一边是陆地，大家可以看到海岸线的上空有一排小纸条，接下来我就要打开箱子的两个通风口，大家猜猜小纸条会有什么样的变化？诶，现在纸条已经开始摆动起来了，并且它是从大海一边向陆地摆动的。这是为什么呢？其实这一切的幕后推手就是它——箱子里的一根小蜡烛。我刚才做的这个小实验，也就是今天要给大家介绍的，神奇的海陆风。

　　很多朋友都去过海边旅游，不过不知道大家有没有留意过一个现象，那就是，在海边白天的风向跟晚上的风向经常是相反的，其实这就是海陆风。那为什么会出现这种现象呢？

　　首先，我们来讲讲风吧，风其实就是空气的水平运动。简单来说，由于不同地区之间存在气压差，空气在气压梯度力的作用下从高压流向低压，就形成了风。而海陆风的形成，主要是因为海陆热力不均匀产生了气压差。我们知道，海洋主要是由海水组成的，而陆地主要是由沙石泥土组成，由于海水的比热容要比沙石泥土大，所以，白天在太阳的照射下，吸收相同热量的情况下，陆地升温要比海洋快。这样，陆地表面

江门上川岛气象观测站

的空气受热膨胀上升到空中，地面附近空气的密度变小，气压变低；相对而言，海洋表面空气的密度较大，气压也较高。于是在陆地表面和海洋表面之间就形成了一个气压差，从而产生从海面吹向陆地的风，也就是海风。到了晚上，情况则刚好相反。由于海水的降温要比陆地的降温慢，空气就会从较冷的陆面流向较暖的海洋，于是形成了陆风。海风和陆风就共同构成海陆风了。

　　海陆风现象在沿海地区是很常见的，那么它对人们的日常生活又有什么影响呢？其实，对于沿海地区来说，海风对抑制中午暑热、调节气候是有很好作用的，这也是海滨城市的魅力。另外，在特定的情况下，海陆风还可能产生激烈的天气，例如，海风和地形相互作用，可以激发短时强降水，因此也常常引起气象工作者的关注。

　　好了，今天我的介绍就到这里，希望你们有所收获，谢谢大家！

解密雷电

◎广东省气象探测数据中心　张艺腾

大家好，我是广东省气象探测数据中心的张艺腾，今天由我来为大家讲解雷电。雷电是伴有闪电和雷鸣的一种雄伟壮观而又有点令人生畏的放电现象，雷电一般产生于对流发展旺盛的积雨云中，因此常伴有强烈的阵风和暴雨，是一种危险的天气现象。

而说到危险，那么雷电是一种什么样的天气？

带有电荷的雷雨云与地面的突起物（如建筑、树木）接近时，它们之间就发生激烈的放电。在雷电放电地点会出现强烈的闪光和爆炸的轰鸣声，这就是人们见到和听到的闪电雷鸣。当人遭受雷电击的一瞬间，电流迅速通过人体，可能导致心跳、呼吸停止，脑组织缺氧而死亡。

那么雷电为什么会与地面的突起物产生放电效应？

我们这里从物理机制谈谈雷电的形成。积雨云在发展过程中顶部积累了大量的正电荷，底部积累了大量负电荷，而地面是带正电荷的，因此就会产生放电过程。

雷电那么危险，我们有没有办法防护雷电？

1. 不要在树下避雨，树是导体，雷电天气容易导电。
2. 建筑物上装设避雷装置。即利用避雷装置将雷电引入大地而消失。
3. 雷雨天气时在高山顶上不要开手机，更不要接打手机。
4. 在雷雨天气，不要去江、河、湖边游泳、划船、垂钓等。

感觉雷电很危险，那么让我们发散思维思考问题：我们能不能控制

气象探测数据监控大厅

雷电，利用雷电？

现在当然是不能的，因为：

第一，每道雷电平均蕴含50亿焦耳的能量，但雷电没有恒定的功率。一些雷电的功率可能比平均高得多，有的也比平均低。因此，这使得建造一座雷电发电厂的想法从一开始就变得相当不切实际。

第二，雷电的出现比较随机，我们无法知道其确切的位置或时间。

第三，即使事先知道这些细节，在如此短的时间内捕获这种巨大能量，仍然存在操作的问题。

第四，考虑到雷电能量实际上只有一小部分到达地面，用我们目前可用的设备来进行这样大规模的操作，变得更加不切实际。

说了这么多不切实际的内容，我们来谈谈符合实际的内容，现在有什么方式可以监控雷电？

用我们中心的闪电定位仪就可以实时监控雷电的位置，做好雷电灾后的调研，对雷电易发地区做好防雷措施，减少人力和财产损失。

最后总结一下，天有不测风云，相信科学不断发展，我们不仅能监控、防护雷电，还能利用雷电，让雷电为我们的生活做点有意义的事情。相信不久的将来，我们能做到，我们气象部门能做到。我的讲解结束了，谢谢大家。

广东气象科普解说词

敢问天公借甘霖——解密人工影响天气

◎ 广东省突发事件预警信息发布中心　曾湘怡

曾湘怡

有人说人工影响天气是一门"敢问天公借甘霖"的科学，为什么敢，怎么去借，接下来将一一解开其中的奥秘。

首先来认识一下什么是人工影响天气。它是指在一定的时机和条件下，通过人工催化等技术手段，对局部区域内大气中的物理过程施加影响，使其发生某种变化，从而达到减轻或避免气象灾害的目的。当然这种科技措施是不能无条件、随时随地可以进行的，具体需要怎样的条件，我们以人工增雨为例来了解一下。

简单来说，人工增雨就是在自然降雨之外再增加部分降雨的科学手段。所谓雨从天降，那么天上的云又是怎么来的呢？它实际上是由地面上的水蒸发、上升、凝结而成，云中的水汽转化为液态水滴，通过相互间的碰撞逐渐增大，当增大到一定程度时，便会从云中落到地面形成降水。人工增雨就是在合适的时机，将干冰、液氮、碘化银等催化剂送到云中，加速雨滴的生长过程，提高降水效率。总结起来，实施人工增雨要满足三个条件：充足的水汽、上升的气流和足够的凝结核。如果云层太薄，含水量过少，进行增雨作业会收效甚微，甚至是"瞎子点灯白费蜡"。

那么我们为什么需要人工影响天气呢？广东省的人均水资源达到2450立方米，略高于全国平均水平，但也仅为世界人均水资源的1/4。在一年当中，广东有80%以上的降水集中在4—9月，加上太阳辐射强，地表上的水分蒸发强烈，因此会经常发生季节性、区域性的干旱。从全省范围看，春旱、秋旱每年都有发生，春旱主要发生在中南部及其以南地区，秋旱则以北部内陆地区较为集中，所以广东省的旱情是不容忽视的。除了缓解干旱，预防森林火险、减轻冰冻伤害、缓解空气污染等各个方面也需要人工影响天气技术发挥作用。

人工影响天气技术如何应用到具体的作业中呢？在开展作业之前，我们首先要利用各种科技手段对云层数据进行观测分析，预选适合作业的云区和时机，一般会选择在云层厚、含水量大、云中空气对流不太强的情况下进行作业，并根据不同的云层类型和天气状况来选择合适的作业方式。目前人工影响天气作业方式主要有以下几种：

飞机作业是利用飞机撒播催化剂的作业方式，它的优点是能够大面积、均匀地撒播催化剂，对层状云效果较好，并且容易控制最佳撒播时间、撒播高度及范围，从而达到最佳的作业效果。

火箭作业是利用火箭发射车或固定的发射架发射火箭弹，使用起来机动灵活，不受云层类型的限制。火箭弹的后半段是发动机，发动机点火后会把火箭弹送入高空，到达最高点后就进入惯性飞行段。催化作业完成后，火箭弹会自动分离成两段，由降落伞将残骸回送到地面。

高炮作业与火箭同理，也是一种在地面作业点向目标云系发射催化剂的作业方式，主要适用于固定的目标区域。

烟炉作业主要是通过烟炉焚烧催化剂的方式，借助山区迎风坡的上升气流将催化剂输送入云。

这些作业方式实际取得什么成效呢？自2002年以来，广东省共实施飞机增雨作业301架次，飞行时长约756小时，实施地面火箭增雨作业1519次，发射火箭弹5621枚，共增加降水量超过180亿立方米，直接经济效益36亿元以上。

人工影响天气技术虽然不是"无中生有"，不能随意地"呼风唤雨"，但我们可以利用先进的科学技术合理影响天气，改善人类赖以生存的自然环境。

广东人影火箭作业

广东人影飞机作业

广东气象科普解说词

你不知道的平流雾

◎云浮市气象局　张　银

尊敬的各位评委，在场的各位朋友们，大家好！

欢迎大家来到科普小讲堂。首先大家来看两张图片（详见光盘），不知道在场的各位有多少人能认得出这两张图片中的城市呢？第一张是青岛，第二张是海口。而两张图片里都有一个共同的天气现象，那就是平流雾。可能很多人会觉得第一张的图片比较美，从海上飘来的平流雾进入城市上空，夜色中的城市被一层平流雾缭绕，流光溢彩，似曼妙轻纱包裹着城市，海边的楼宇、建筑在雾中若隐若现，宛若仙境。而第二张图片一个字就可以形容，那就是——堵。其实关注2018年春节假期后期的新闻就能知道，这是罕见大雾让琼州海峡持续封航导致的，海口三个港口附近一度滞留上万辆汽车、数万名旅客。据各大媒体报道，部分路段滞留车辆超过5千米。

那么什么是平流雾呢？平流雾又是怎么形成的呢？

先说一下平流雾的概念：平流雾是指当暖湿空气平流到较冷的下垫面上，下部冷却而形成的雾。

继续来看一下平流雾生成所需要的各种条件：第一是暖湿空气的湿度较大，也就是水汽条件要充足；第二是近地层气层要稳定；第三是平流雾需要流来的暖湿空气与下垫面有一定温差；最后是要有适宜的风速，一般2～7米/秒，这是因为有了风才能源源不断地输送暖湿空气。平流雾的生成与消失主要取决于有无暖湿气流，只要暖湿气流源源不断的输送，雾就能维持，这与天气系统的演变关系比较密切，一旦天气系统发生变化，主导风向转变，暖湿空气来源中断，雾就迅速消散。

不少人会认为既然平流雾的形成与原理都已经找到了，那么为什么不用科学的方法去消雾呢？这是因为以目前的科学技术水平，人工消雾局限于"局部范围"，只能在机场、码头、高速公路的局部小范围实施，而且还需要耗费大量的人力与物力。当然，自然界中也有克制雾产生或维持的东西，那就是冷空气。因为随着冷空气的到来，稳定的大气层结被破坏，上下层热量交换和水汽扩散，不利于雾的形成和维持，从而促使大雾消散。这也是为什么我们经常在看天气预报或天气资讯的时候，每每有冷空气到来，盘踞多日的雾会消散。

好了，今天的科普小课堂到这就结束了，不知道您对平流雾了解了吗？

谢谢大家！

广东气象科普解说词

龙卷的奥秘

◎ 佛山市气象局　雷　瑛

尊敬的各位评委，观众朋友们，大家好！我是佛山市气象局的雷瑛。首先请大家与我一起观看一个小视频（详见光盘）。视频中的这个庞然大物相信大家都非常熟悉，它就是地球上最猛烈的风暴——龙卷。在美国大平原上，春季午后雷雨带来的乌云，会"喷吐"出大个儿的冰雹，能把汽车的车顶砸个凹坑。当冰雹停止以后，空气中诡异地寂静，有一种湿土的味道。超级大风暴还没有结束，当天空中呈现出可怕的黄绿色时，就要当心龙卷来了。

龙卷是一股盘旋的黑色圆锥状的猛烈风暴，分为陆龙卷和海龙卷，是绵延的雷暴云向下伸展与地面之间形成的一大团叫做"涡旋"的飞速旋转的空气流。它旋转力很强，常把地表面上的水、尘土、泥沙等卷挟而上，从四面八方聚拢成管状，有如"龙从天降"，因而得名龙卷。龙卷近看像一根擎天大柱，远看犹如大象的鼻子，所以人们又形象地称龙卷为"象鼻"。龙卷涡旋里的风速最高可达每小时483千米，而大家目前乘坐的高铁时速也就每小时350千米，可以想象一下龙卷的风速是多么的快。

龙卷产生于强雷暴多发的时间和地方，如北美洲。美国的德克萨斯州是世界上龙卷发生次数最多、强度最强的地方，1950年发生了最具有摧毁性的龙卷——F5龙卷。而在我国，江苏、广东是年均龙卷个数最多的地区，我国强龙卷主要集中在春、夏两季和早秋发生，其中7月最多，4月次之，70%的强龙卷发生在中午12点到晚上8点之间。

佛山气象

说到这里，大家也许会问，什么是F5？美籍日裔气象学家藤田哲也先生于1971年提出龙卷强度分级标准，称为"藤田级数"，分为6个等级，分别用F0，F1，F2，F3，F4，F5表示，F5就是描述龙卷强烈程度的最高等级。2007年改良藤田级数从EF0到EF5替代了旧等级。气象学家可以从特定的结构及建筑物损害程度等细节来判断出风暴中盘旋的风速是多少，更精确地评估龙卷。

在佛山，近年来最强最具破坏性的龙卷是2015年10月4日发生的EF3级龙卷，巨大的楔形龙卷在半小时内，像犁地一般地一路穿过3个区的10多个村居，造成4人死亡80人受伤，吞噬了大量的厂房。

龙卷尺度小、发展快，使得气象学家们预测很困难。出现龙卷，就好比手划拨过水面后，水面肯定会出现漩涡，但我们很难判断出具体在哪个点会出现漩涡。当前观测龙卷比较有效和常用的仪器为多普勒雷达，雷达图上的钩状回波则可能是由超级单体引起的龙卷的征兆，这时就需要马上发布龙卷警报。

龙卷是如此的可怕，所以我们要时刻留心天空、了解龙卷警报的意义并主动接收信息，制定一个躲避计划并多加练习，这样才能在遭遇龙卷袭击的时候保证安全。佛山市龙卷研究中心成立于2013年8月，是国内首家龙卷专门研究机构，中心的研究人员正在努力揭开龙卷的秘密，他们的工作将改进龙卷预报，给生活在龙卷必经之路区域的人们更多的时间去寻求安全避风所，从而拯救人们的生命。谢谢大家！

广东气象科普解说词

"龙舟水"的自白

◎潮州市气象局 林嘉慧

林嘉慧

　　大家好,我是"龙舟水",每年端午节前后,广东就是我尽情表演的舞台,我的出场总会给广东等地带来大范围的强降水,也正是因为我,5月下旬到6月中旬才成为广东前汛期降水集中的时期。说来也巧,我每次过来,都能看上一两场龙舟比赛呢,所以大家亲切地称呼我为"龙舟水"。

　　说到这里,你们应该很好奇我是怎么来的吧?现在我就给大家隆重介绍两位与我身世息息相关的老前辈,它们分别是南海夏季风和北方冷空气。南海夏季风是一位勤劳的搬运工,它虽然不生产水,却总在5月爆发之后,把海洋水汽源源不断地带到广东,形成季风对流降水。与此同时,北方的冷空气也对广东"依依不舍",小时候就常常听到这样一句谚语"未食五月粽,寒衣不可送"。眼看着来自热带海洋的暖湿气流势力不断增强,活跃了整个冬天的北方冷空气也不甘示弱,它们俩一言不合打起架来,便形成了锋面降水。因此,在季风降水和锋面降水的共同影响下,我就这样自然地降生了。

　　今天之前,也许你们对我的名字还比较陌生,但我的影响力可是一直存在的,自古就有这样的诗句:"孩童不晓龙舟雨,笑指仙庭倒浴盆"。据统计,在我停留期间,广东平均雨量是317.6毫米,占全年总雨量的18%。偶尔我还比较温柔,像2004年,我只给广东带来133.7毫米的平均雨量。但大部分时候,我可控制不住我这暴脾气,2008年是中华人民

潮州气象

共和国成立以来我最放纵的一次,广东平均雨量达到 625.6 毫米,比历年同期偏多将近一倍,有 19 个县、市降水量都打破了历史同期的最高纪录。

  还有啊,我可不喜欢孤军奋战,我经常会带上雷电、冰雹、龙卷这几位小兄弟与我同行。所以在我即将来临时,你们可要做好防御洪涝和强对流天气的准备,暴雨时尽量不要外出,注意及时通过电视、手机、网络等方式关注各级气象台发布的最新天气动态。

  同时,我的出场还经常赶上早稻的抽穗扬花,也因此成为影响广东省早稻产量的主要灾害,所以对于农民伯伯来说,要根据我的出现规律,合理选择早稻的品种和安排播插季节,争取让早稻的开花授粉与我擦肩而过。

  这就是我,"龙舟水"的自白。

  我是"龙舟水",也是 38 号讲解员林嘉慧,来自潮州市气象局,谢谢大家。

广东气象科普解说词

走进汕尾雨窝

◎ 汕尾市气象局　陈仕嘉

大家好，我是来自汕尾市气象局的陈仕嘉，今天我将带大家走进汕尾，初步了解汕尾雨窝。

所谓"雨窝"，是指由于局地地形影响，频繁发生极端强降水的区域。

"雨窝"降水有两个明显特点就是强度特别大，雨势特别猛。极易造成四类灾害：一是小江河流域的突发洪水，二是山沟暴洪，三是泥石流、山体滑坡，四是城乡内涝。这些都特别容易造成重大人员伤亡。

我们再来看和"雨窝"有着密切关系的地形。汕尾市地处亚热带季风气候区，全年雨量充沛，在广东省内属于三大暴雨中心之一。这是因为汕尾市南临南海，北依莲花山脉，海陆分布有利于海陆风环流。莲花山对大海吹向陆地的暖湿气流阻挡抬升成云致雨，马蹄口地形导致雨量在"口内"明显聚集，因此位于莲花山脉迎风坡的海丰县及周边地区降雨非常可观，我们可以用"暴雨如注、地形之故"来形容。

暴雨集中的地方正是"雨窝"所在。汕尾的"雨窝"地带大致分布在依托莲花山脉南麓、自海丰县沿海到陆丰市东北部丘陵一带的走廊地带。这里的山形地势呈现一个"人"字形，很容易在偏南暖湿气流强盛的时候汇集大量的水汽，形成强降雨。

藏在汕尾"雨窝"地带的"雨神"，经常在每年的一个特殊时期来"显灵"，就是"龙舟水"时期。什么是"龙舟水"？"龙舟水"通常是指每年端午节前后的强降水高发时段的降雨,也就是公历 5 月 21 日—6 月 20 日期间的降水。这个时候,往往南海夏季风处在爆发阶段,强盛的西南季风从南海源源不断地向华南地区涌入,带来海上丰沛的水汽。此时,由于汕尾地区特殊地形的影响,常常形成猛烈的极端强降水。

我们举几个时间点来回顾一下当时的场面。在 1987 年的 5 月 21 日,海丰县就录得 620 毫米的日雨量,而在陆丰八万镇的双沛村,更是录得 916 毫米的惊人的日雨量,最大小时雨量达到 151 毫米。

2015 年 5 月 20 日这天海丰、陆丰地区普遍出现了特大暴雨,其中海丰可塘镇日雨量 542 毫米,县城 473 毫米;陆丰市区日雨量 403 毫米。

2017 年的 6 月 12—21 日,汕尾的"雨窝"地带则出现了连日的大暴雨天气,10 天之内汕尾全市共发布暴雨红色预警 8 次,总共停课了 5 天。陆丰市的累积雨量达到 949 毫米,海丰陶河镇更是高达 1023 毫米,相当于 10 天下了 2017 年年雨量的 42%。这导致 2017 年汕尾市旱涝急转,城乡内涝、农田被淹。

朋友们,对于"雨窝"地带强降水及其致灾的成因,目前还在研究、探索阶段。我们需要摸清"雨窝"的具体位置,清查积涝、地质灾害易发隐患点,在强降水多发时期,未雨绸缪、防患未然,做好防灾减灾工作。

广东气象科普解说词

气象温度和体感温度为何不同

◎ 韶关市气象局　贺绍杰

尊敬的各位评委老师，大家好，我是来自韶关市气象局的贺绍杰。今天要和大家一起来聊聊温度。

相信提到温度大家都不会陌生，但想必很多小伙伴都有过这样的经历或疑惑：天气预报说今天最高气温30℃，可走在大街上的我怎么感觉有40℃？是感觉欺骗了我，还是……气象台报错了？

其实，要想弄清楚这个问题，我们得先明白：天气预报中的"温度"，以及你感觉到的"温度"都是怎么来的？

一、气象部门的"温度"

首先，天气预报中所说的"温度"指的是空气的实际温度，一般由百叶箱内的温度表进行测定。为了减少太阳辐射、风、地表等外部因素对温度的影响，通常百叶箱通体为白色，四面百叶窗环绕、闭合，放置在空旷草坪上，内部仪器离地面1.5米高，这样才能保证测出来的空气温度是真实与准确的。

二、你感受到的"温度"

我们再来说说你感受到的"温度"，也就是我们所说的体感温度。

体感温度除了受刚才所说的气象温度影响之外，还受到日照、风速，以及湿度等因素的影响，让我们感觉到的温度与实际空气温度存在不小的差异。

日照对体感温度的影响

到了夏天大家都喜欢在树荫下乘凉，因为在烈日下暴晒，与在树荫下乘凉，两者的体验简直是天壤之别。这就体现了光照对体感温度的影响。

风对体感温度的影响

了解了日照,接下来我们要说到风。其实很好理解,风吹到我们身上时,可以加快汗液的蒸发,有利于带走体表的热量,夏天在家我们可以选择吹风扇降温,就是这个道理。所以,正常情况下,风速越大,体感温度越低。

湿度对体感温度的影响

最后来说说湿度。其实作为北方人的我喜欢蒸桑拿,那是因为我们无法感受南方夏季的桑拿天。为何南方夏季感觉比北方热呢?因为南方湿度大。当空气湿度较高时,汗液蒸发速度很慢,影响人体的散热,同时会有一种粘糊糊的感觉,很不舒服。夏季经常会遇到的"桑拿天"就是"高温+高湿"的产物。

而在冬天,高湿度对体感温度则起到反效果。有人曾把北方和南方的冬天形象地比喻为"物理攻击"和"魔法攻击",所谓的"魔法"指的就是湿度啦。在南方由于空气湿度大,空气中水分含量大,导致空气的导热系数大,进而使身体的热量传导的速度加快,不利于保暖,身体发出的热量很快就会被传导到空气中散发掉。所以到了冬天,同样是3℃低温,湿度大的时候感觉会比干燥时更为寒冷,自然体感温度也就比气象温度低了。

三、气象部门和感觉都没有"骗"你

接下来由于时间关系,我来做一个小小的总结。

天气预报所说的温度,指的是空气的实际温度;而我们所感受到的温度是在气象温度的基础上,叠加日照、风、湿度等多种因素影响下的体感温度,特别是湿度,才有我们常说的南方湿冷和北方干冷的区别。

最后的最后,友情提示一下,气象部门为小伙伴们提供了舒适度指数、穿衣指数、紫外线指数等一系列体现体感温度的服务,所以建议大家在关注日常天气预报时,不妨也参考一下相关的生活指数预报,以合理安排生活和出行。

广东气象科普解说词

天气预报的前世今生

◎清远市气象局　赵惠武

人们常说,"天有不测风云,人有旦夕祸福",这个天威难测啊!那么我们今天偏偏就来聊聊测天的这点事儿。

最早的预报

古时候,人们的认知水平有限,对风、雨、雷、电等这些天气现象没办法去解释,往往就将它神化。像是风伯、雨师、雷公、电母还有龙王,都是我们耳熟能详的"天气制造者"。人们在虔诚祈求神明之余,还是想知道来年会不会风调雨顺。这时候我们测天大队第一任大队长——占卜师登场了。"占"就是观察,"卜"就是用火烧龟壳,他们认为通过火烧龟壳,看龟壳裂开的形状,就可以预测天气,然后把结果刻在龟壳上,于是就有了我们现在所看到的甲骨文上的天气预报。

在座的各位来猜猜看,这段文字代表什么意思?

"壬寅日占卜,癸日下雨。"这应该就是文字记载里最早期的天气预测了。

天气图的诞生

我们刚才穿越回了天气预报的前世,现在再来和大伙聊聊它的今生。那我们现代天气预报是怎么做的呢?天气预测从古代到现代,有一个明确的分界点,那就是天气图。1820年,德国气象学家H.W.布兰德斯将过去同一个时间的气压和风的观测记录填在地图上,发现风和气压与天

清远气象观测站

气有十分密切的关系，这就有了第一张天气图。那天气图到底有什么用，代表着什么样的含义呢？其实天气都是因为空气的运动引起的，而天气图就是用来反映空气是如何运动的。如果把天气比作一个人的话，天气图就是他的体检表。医生通过体检表，可以判断病人的身体状况，那么我们预报员呢，同样也是通过天气图来判断天气。当然我们也有我们的"B超"（雷达）、"X光"（卫星）等检测设备，从此预测天气不再是玄之又玄的空想，而是可以定量分析的科学了。

但是问题又来了，医生只需要判断病人当时的身体情况，预报员不但如此，还要根据天气图判断天气未来的发展情况。以前我们只能靠人工推算，所以当时的预报准确率也是不太乐观，现在我们借助超级计算机，将天气数据都录入计算机，计算机通过一系列复杂的公式，计算出之后每一时刻的"体检"数据并绘制成天气图。打个比方，你把8点的"体检"数据输入计算机，计算机根据你的身体状况和行为习惯，计算出你9点、10点、明天、后天乃至更长时间以后的"体检"数据，预报员再根据这些数据进行分析，预报的准确率就大大提高了，目前我国24小时晴雨预报准确率达到了87.2%。

我相信在不久的将来，天威不但可测，而且测得很准！我们共同努力！

广东气象科普解说词

大自然的"魔法"——雷电

◎湛江市气象局 向 淳

关于雷电的谚语我们都有听说,比如"东闪日头,西闪雨,南闪火门开,北闪雨就来""雷打天顶,有雨不狠""雷打天边,大雨涟涟""小暑头上一声雷,四十五天倒黄梅",等等。

雷电,大家肯定都不陌生,但是真正了解它的人也是为数不多,那么什么是雷电呢。

雷电是伴有闪电和雷鸣的一种雄伟壮观而又有点令人生畏的放电现象。雷电一般产生于对流发展旺盛的积雨云中,因此常伴有强烈的大风和暴雨,有时还伴有冰雹和龙卷。积雨云顶部一般较高,可达 20 千米,云的上部常有冰晶。冰晶的淞附、水滴的破碎以及空气对流等过程,使云中产生电荷。云中电荷的分布较复杂,但总体而言,云的上部以正电荷为主,下部以负电荷为主。因此,云的上、下部之间形成一个电位差。当电位差达到一定程度后,就会产生放电,这就是我们常见的闪电现象。放电过程中,由于闪电通道中温度骤增,使空气体积急剧膨胀,从而产生冲击波,导致强烈的雷鸣。带有电荷的雷云与地面的突起物接近时,它们之间就发生激烈的放电。在雷电放电地点会出现强烈的闪光和爆炸的轰鸣声。这就是人们见到和听到的闪电雷鸣。

所以说雷只是闪电的一种特征,但我们所说的闪电,也是对云层放电现象的一种统称。闪电也有很多不同的类型,曲折开叉的普通闪电称为枝状闪电。枝状闪电的通道如被风吹向两边,以致看来有几条平行闪电时,

湛江气象观测站

则称为带状闪电。未达到地面的闪电，也就是同一云层之中或两个云层之间的闪电，称为云间闪电，等等。闪电蕴含着巨大的能量，如果不能有效地针对闪电进行防护，那么将会对生命财产安全产生巨大影响。

　　从古至今，世界各地都有着数不胜数的雷击事件。那么该如何进行防护呢？（1）建筑物上装设避雷装置。即利用避雷装置将雷电流引入大地而消失。（2）在雷雨时，人不要靠近高压变电室、高压电线和孤立的高楼、烟囱、电线杆、大树、旗杆等。（3）在高山顶上不要开手机，更不要接打电话。（4）不要触摸和接近避雷装置的接地导线。（5）在打雷下雨时，严禁在山顶或者高丘地带停留，不能在大树下、电线杆附近躲避，也不要行走或站立在空旷的高地上或田野里。应尽快躲在低洼处，或尽可能找房屋或干燥的洞穴躲避。（6）不要用金属柄雨伞，摘下金属架眼镜、手表、裤带，应远离其他金属制物体，以免产生导电而被雷电击中。（7）在雷雨天气，不要去江、河、湖边游泳、划船、垂钓等。（8）打雷时应立即关掉室内的电视机、收录机、音响、空调机等电器，切忌停留在电灯正下面，也不要依靠在柱子、墙壁边、门窗边，以避免在打雷时产生感应电而导致意外。

　　了解更多气象知识，不仅可以在恶劣天气环境下做好自身防护，更可以照顾到身边人的工作、生活。谢谢大家。

冰雹

◎ 广州市从化区气象科普基地　蓝泽惇

尊敬的各位评委老师们,大家好!我是来自从化区气象科普基地的讲解员蓝泽惇。

今天,我给大家带来了个小谜语,让大家猜一猜。"漫天撒珍珠,落地乱蹦跳;大人见了愁,小孩见了笑。"打一自然物。猜到是什么了吗?没错,就是冰雹!巧了,我们今天要讲的也是冰雹。

我有位同学,家住在从化区鳌头镇。在 2016 年的时候,他们家遭遇了一场冰雹,这突如其来的雹灾使他们家遭受了巨大损失。那么,冰雹是如何产生的呢?它为何又具有如此严重的破坏力?

首先,我们来看一下这幅图(详见光盘)。冰雹产生于强对流天气,在对流过程中,空气中已有的冰核等冰雹的"胚胎",在经过多次上升和下降后,体积和重量不断增大,当上升气流再也托不住它时,便会一落千丈降至地面,形成我们所说的冰雹。

冰雹灾害具有以下几个特征:局地性强、历时短、年际变化大、发生区域广、受地形影响显著。雹灾给我们人类社会带来了严重的灾害,比如说砸坏了我们的房子、汽车,甚至飞机。对农作物生产也造成了严重的灾害,比如图一的"冰镇西瓜",或者是图三的"冰糖炒蔬菜"(详见光盘)。

冰雹这么可怕,那我们有没有什么方法可以去预测它呢?答案是:有的。人们在广泛的生活和生产中总结了一些常见的预测冰雹的经验,如早晨气温凉、湿度大,到了中午太阳辐射强烈,造成强烈的空气对流,就可能下冰雹;在下冰雹之前,通常还会刮起大风,乌云之中出现红色和黑色乱绞的云丝,云边呈现黄色;下冰雹前的雷声是沉闷且连续不断的;云块与云块之间还会出现线状闪电;有句俗话说:"鸿雁飞得低,冰雹来得急"。这些都是根据看物象预测冰雹的经验。

我们预测到了冰雹的发生，那又该如何去预防它呢？人工防雹常用的方法是用火箭将干冰等催化剂送到云中，或是在地面上打高炮，破坏对雹云的水分输送。农业生产中我们经常使用防雹网，我们也可以增加森林的面积，或者增种抗雹能力强的农作物。在日常生活中，我们一定要牢记冰雹预警信号，分别是冰雹橙色和红色预警信号。如果你走在路上，突然之间下起了冰雹。请你不要惊慌失措，我们可以用手中的物品挡住头部，然后迅速躲到屋檐下，以免被冰雹砸伤，对于裸露在室外的汽车，我们可以用棉被挡住车身。

冰雹很无情，产生的灾害也很严重，但我们有很多方法可以去预测和预防它。希望我今天给大家的分享可以让大家对冰雹有所了解。感谢大家聆听！

◆ 广东气象科普解说词

智慧气象与现代设施农业

◎ 广东省生态气象中心　朱怀卫

大家好！我是来自广东省生态气象中心的朱怀卫，今天给大家讲解《智慧气象与现代设施农业》。党的十九大报告和2018年中央一号文件提出实施乡村振兴战略，提倡优先发展现代农业。据2014年《全国土壤污染状况调查公报》和广东省环境监测中心调查表明，珠三角地区土壤耕地重金属污染严重、环境恶化，导致如今市面上的众多蔬菜中存在含有过量抗生素、农药残留超标等问题，农产品质量堪忧。

广东省生态气象中心基于这样的现状，寻求并探索一种现代农业发展的新模式，于佛山南海生态气象综合基地建有一个两亩（1亩≈666.67平方米）左右的拱型锯齿形温室大棚。设施大棚内采用自动化无土栽培技术，种植叶菜和果菜。大家请看（详见光盘），左侧这边是育苗区，作物在育苗区播种和育苗20天，待根系发达再移栽至栽培床上，叶菜生长20～30天即可收割，年可产18茬，年亩产达8万斤（1斤=0.5千克）。蔬菜生长所需的营养液是模拟土壤水分中养分的比例调配而成，能满足植物生长所需的各种大量和微量元素，对植物来说，既营养又"美味"。且生长全过程不使用化肥和农药，避免有害金属和农药残留，达到绿色安全的要求。

依据佛山基地盛行风向的特征，大棚锯齿形开口朝南，增加了大棚的通风环境。北方温室大棚顶部多为玻璃，而锯齿形大棚针对广东夏季炎热的气候特征，顶部用薄膜覆盖，能做到冬暖夏不热，四周及锯齿形

广东省气象生态观测站

开口分为两层结构,一层是防虫网,一层是薄膜卷帘,无需保温时,将薄膜卷起来。四周防虫网结构,既能保证大棚的通风透气,又能阻挡外界昆虫的侵扰。冬季寒冷时,薄膜放下来,能达到5~10℃的保温效果。

棚内装有硬件设备可实时监测气象要素(如温湿度、风向、风速和光合有效辐射等)和水肥营养液指标(如酸碱度、元素碳含量、溶解氧含量和水位等)。针对棚内现装有的硬件设备和实际需要,自主研发"设施农业智能化监控预警系统",可实现实时监测棚内气象环境和营养液状况、棚外气象预报预警、远程自动化控制和蔬菜环境生产要素溯源等功能。

大家请看(详见光盘),这是"设施农业智能化监控预警系统"的主界面,左侧是棚内三个营养液池营养液循环运转的显示状况图。接下来三张图分别是棚内气象环境监测图、营养液状况监测图和棚外气象预报预警图。该系统可做到蔬菜质量安全全程追溯监管,左侧这边输入蔬菜的名称、移栽和收割的时间,点击查询—生成二维码,就会以图文形式显示蔬菜全程生产的环境信息。系统除了具有展示功能外,还可以实现一些远程自动化控制功能,比如远程自动化控制遮阳网、自动化LED灯补光和自动化控制营养液水肥。这样一套蔬菜生产模式应用前景非常广泛,基于水耕蔬菜节水、节肥、低投入和高产出等优点,它非常适合在缺水、土壤贫瘠的乡村推广,生产的蔬菜的消费群体适合中高端人群,乡村如能推广可有效扶贫,能提高农民经济收入,是一个利民的工程。

感谢聆听,以上是我的讲解。

你的冷暖，在我心中
你若安好，便是晴天